HORMONE ACTION

하루 한 권  름

노구치 데쓰노리 지음　신해인 옮김

떨어지는 순간 우리 몸에 일어나는 놀라운 변화

노구치 데쓰노리

1958년 일본 아이치현에서 태어나 도카이대학교를 졸업했다. 마케팅 리서치 기업을 거쳐 라이터로 독립했다. 집필 활동을 하며 확률 등을 주제로 강연을 하고 있다. 주요 저서로는 『知ってトクする確率の知識 확률은 성공의 답을 알고 있다』, 『数学的センスが身につく練習帳 수학왕이 되는 연습노트』, 『マンガでわかる確率入門 만화 확률 7일 만에 끝내기』, 『身体に必要なミネラルの基礎知識 내 몸을 살리는 미네랄 백과 사전』, 『数字のウソを見抜く 숫자의 거짓말을 꿰뚫어 보다』, 『みんなが知りたい男と女のカラダの秘密 모두가 알고 싶은 남성과 여성 신체의 비밀』, 『マンガでわかる神経伝達物質の働き 만화로 배우는 신경 전달 물질의 작용』〈サイエンス・アイ新書〉, 『大人の保健体育 어른의 보건 체육』〈インデックス・コミュニケーションズ〉, 『面白いほどよくわかる確率 확률이 흥미로워진다』〈日本文芸社〉 등이 있다.

일러두기

본 도서는 2013년 일본에서 출간된 노구치 데쓰노리의 『マンガでわかるホルモンの働き』를 번역해 출간한 도서입니다. 내용 중 일부 한국 상황에 맞지 않는 것은 최대한 바꾸어 옮겼으나, 불가피한 경우 일본의 예시를 그대로 사용했습니다.

들어가며

사람이 살아가는 데에는 호르몬이 꼭 필요하다. 우리는 엄마 뱃속에서부터 죽는 순간까지 끊임없이 호르몬의 영향을 받는다. 호르몬이 성장부터 일상생활, 체내 환경 유지, 성별 결정 그리고 생식 활동에 이르기까지 다양한 측면에서 매우 중요한 작용을 하기 때문이다. 이 책은 주요 호르몬들의 기능과 그에 문제가 생겼을 때 몸에 일어나는 변화를 알기 쉽게 만화로 설명한다.

모든 호르몬은 각각 중요한 역할을 가지고 있다. 그중 성 호르몬은 우리에게 가장 친숙한 호르몬이다. 가장 독특한 호르몬이기도 하다. 다른 호르몬들이 성별을 막론하고 같은 작용을 하는 데에 반해 성호르몬은 성별에 따라 다르게 작용하기 때문이다. 남성과 여성의 신체가 다른 이유 역시 성호르몬 때문이다. 수정하는 순간 성별이 결정된다고 생각하는 사람이 많지만 사실, 엄마 배 속에서 남성 호르몬의 영향을 얼마나 받았는지가 아주 중요하다. 성별은 남성과 여성으로 명확하게 나뉘는 것이 아니라 매우 모호하다. 검은색과 흰색 사이에 여러 단계의 회색이 존재하듯이 남성과 여성이라는 사이에도 여러 단계가 존재한다. 이 책은 그러한 성 호르몬에 대해서 자세히 다루고 있다.

잠시 개인적인 이야기를 하자면, 오십을 넘길 무렵부터 몸의 피로와 권태감이 늘고 있다. 게다가 이전부터 가지고 있던 우울증도 심해지는 것 같다. 특히 오전에는 몸이 무겁고 어떤 일에도 의욕이 생기지 않는 경우가 잦다. 쉽게 짜증이 나서 진정이 안 되거나 극도의 불안감에 휩싸이는 일도 늘었다. 어쩌면 이는 갱년기 장애의 증상일지도 모른다. 갱년기 장애는 여성에게만 존재한다고 여겨졌지만 사실은 남성에게도 나타난다. 여성의 갱년기 장애는 완경 전후로 여성 호르몬의 분비가 급격히 감소해 발생한다. 남성도 나이가 들면 남성 호르몬의 분비가 줄어들지만, 여성만큼 급격히 떨어지지는 않아서 갱년기 장애 증상이 나타나는 일이 별로 없었다. 하지만 최근 들어 스트레스의 영향으로 남성 호르몬의 분비량이 급격히 떨어지는 40대 이상의 남성이 증가했다. 그 결과, 갱년기 장애 증상을 보이는 남성이 증가하고 있다. 몸에 별다른 이상이 발견되지 않았는데도 몸이 아프거나 우울한 기분이 지속되는 중장년 남성이라면 한 번쯤 남성 호르몬의 분비 저하를 의심해 볼 만하다.

　이번에 호르몬에 관한 책을 집필하며 인체의 신비를 새삼 깨달았다. 정밀한 신체를 만들어 낸 진화의 과정에 감탄하지 않을 수 없었다. 독자 여러분도 이 책을 통해 인체의 신비함을 조금이나마 느껴보시길 바란다.

　　　　　　　　　　　　　　　　　　　　　노구치 데쓰노리

목차

제2장 뇌내 호르몬이란?

제3장 주요 호르몬과 그 작용

제4장 성별을 결정하는 성 호르몬

제5장 남성 호르몬과 갱년기 장애

제6장 여성 호르몬과 갱년기 장애

제1장

호르몬이란 무엇인가?

우리는 태어나 성장하고, 연애하며, 나이가 드는 모든 과정에서 다양한
호르몬의 영향을 받는다. 첫 장인 제1장에서는 호르몬의 정의와 호르몬
이 작용하는 원리에 대한 기초 지식을 알아보자.

※내장류를 의미하는 일본어―옮긴이

호르몬이란?

호르몬은 체내에서 만들어져 특정 기관으로 정보를 전달하거나 특정 기관을 작용하게 하는 화학 물질이다. 호르몬의 어원은 그리스어 '호르마오'로 '자극하는 것', '불러 깨우는 것'을 뜻한다.

지금까지 발견한 호르몬은 우리에게 잘 알려진 것만 추려도 70여 가지가 넘는다. 남성의 정소에서 분비되는 안드로젠, 여성의 난소에서 분비되는 에스트로젠, 췌장에서 분비되는 인슐린 등이 대표적이다. 그 외에 잘 알려진 호르몬으로는 아드레날린, 성장 호르몬, 갑상샘 호르몬, 히스타민 등이 있다. 또 신경 전달 물질인 도파민, 노르아드레날린, 세로토닌과 같은 뇌내 호르몬도 널리 알려져 있다.

일반적으로 호르몬 생성 세포는 내분비 세포라고 부른다. 내분비 세포가 모인 곳을 내분비 기관(내분비샘)이라고 하는데, 주요 내분비 기관으로는 정소, 난자, 췌장, 부신, 갑상샘, 시상하부, 하수체가 있다.

호르몬은 내분비 기관에서 모세혈관을 통해 혈액 속으로 직접 분비된다. 그래서 원하는 기관이나 조직에 명령을 전달하고, 특정한 작용을 촉진하기도 한다. 각 호르몬은 필요할 때, 필요한 만큼, 필요한 조직에 대해서만 작용하며, 이는 우리의 생명 활동을 정상적으로 기능할 수 있게 한다.

반면에 소화액이나 타액, 땀, 모유 등과 같이 분비 세포에서 만들어져 세포 밖(소화 기관의 안쪽 표면이나 신체 표면)으로 분비되는 것은 외분비라고 한다.

♠ 호르몬이란?

호르몬은 체내에서 만들어져 특정 기관으로 정보를 전달하거나 특정 기관을 작용하게 하는 화학 물질이야.

하지마!!

맏랑 맏랑

이건가?

호르몬이 뭐야?

■ 호르몬의 예시
• 남성 호르몬(안드로겐)
• 여성 호르몬(에스트로겐)
• 인슐린
• 아드레날린
• 성장 호르몬
• 갑상샘 호르몬
• 히스타민
• 신경 전달 물질(도파민, 노르아드레날린, 세로토닌) 등

지금까지 잘 알려진 것만 해도 70여 가지가 넘어.

다 헝클어 뎄네

그렇구나

타극

아, 잘 어울린다!

불러 깨우다

참고로 호르몬의 어원은 그리스어로 '불러 깨우는 것', '자극하는 것'을 의미하는 '호르마오 (hormao)'지.

13

호르몬 발견의 역사

18세기 무렵에는 수탉의 정소를 제거하면 볏이 작아지면서 번식 활동을 하지 않는다고 알려져 있었다.

이후 1849년 독일의 생리학자인 베르톨트는 정소를 제거한 수탉에게 다른 수탉의 정소를 이식하면 볏이 커지고 번식 활동도 정상화된다는 것을 알아냈다. 이를 통해 정소에는 정자를 만드는 기능뿐만 아니라 볏을 키우거나 번식 활동을 촉진하는 물질을 만드는 기능도 있다는 사실이 밝혀졌다.

1859년 프랑스의 생리학자인 베르나르는 간에서 포도당이 혈액 속으로 직접 방출되는 현상에 내분비라고 이름 붙였다.

1901년 일본의 화학자 다카미네 조키치는 부신 수질에서 분비되는 어떤 물질을 발견했다. 그는 세계 최초로 이 물질을 결정화해 추출하는 것에 성공했는데, 이것이 바로 혈압과 혈당 상승 작용을 하는 '아드레날린'이다.

1902년 영국의 생리학자인 스탈링과 베일리스는 십이지장에서 분비되어 췌액의 분비를 촉진하는 물질인 세크레틴을 발견했다.

1905년 스탈링은 내분비되는 물질을 그리스어로 '자극하는 것'을 뜻하는 '호르마오'에서 유래해 '호르몬'으로 부르자고 제창했다. 스탈링은 호르몬을 '체내의 어떤 한정된 기관에서 만들어져 혈액을 통해 다른 특정 기관으로 운반되어 미량으로 특수한 작용을 일으키는 물질'이라고 정의했다. 이렇게 호르몬의 개념이 확립되었다.

♠ 호르몬 발견의 역사

18세기 무렵

수탉의 정소를 제거하면 작아지고, 번식 활동을
하지 않게 된다는 사실이 알려졌다.

1849년

독일의 생리학자 베르톨트는 정소를 제거한 수탉에게
다른 수탉의 정소를 이식하면 볏이 커지고 번식 활동
도 정상화된다는 사실을 알아냈다.

1859년

프랑스의 생리학자 베르나르는 간에서 포도당이 혈액
속으로 직접 분비되는 현상을 내분비라고 명명했다.

1901년

일본의 화학자 다카미네 조키치는 아드레날린을
발견해 세계 최초로 결정화에 성공했다.

1902년

영국의 생리학자인 스탈링과 베일리스는 십이지장에서
분비되는 세크레틴을 발견했다.

1905년

스탈링은 내분비되는 물질을 '호르몬'이라고 부르자고
제창했다.

수탉의
볏은

남자다움을
나타내는
척도구나!

호르몬에도 여러 종류가 있다

호르몬 연구가 점차 진행되면서 스탈링이 제시한 호르몬의 정의에 해당하지 않는 것들이 발견되었다.

모든 호르몬이 혈액을 통해 분비되는 것은 아니다. 분비 세포가 분비한 호르몬이 스스로에게 작용하는 경우(자가 분비)나 인근 세포에 작용하는 경우(주변 분비)도 있다. 이를 국소 호르몬이라고 한다.

또 뇌내 신경 세포 간 신호를 전달하는 신경 전달 물질인 노르아드레날린과 도파민도 넓은 의미에서 호르몬으로 본다. 나아가 특정 내분비 기관뿐만 아니라 소화관과 심장 등에서도 호르몬이 분비된다.

조금 특이한 사례로는 비타민D가 있다. 보통 비타민은 체내에서 합성할 수 없어서 음식을 통해 섭취해야 한다. 그런데 비타민D는 피부로 자외선을 받아 체내에서 합성해, 소화관에서 칼슘이나 인의 흡수를 촉진하고 이들의 혈중 농도를 조절한다. 그래서 비타민D는 호르몬으로 여겨진다.

이렇게 호르몬은 체내에서 다양한 작용을 일으키는 전달 물질을 넓게 정의하는 말이 되었다.

♠ 여러 가지 호르몬

호르몬은 체내의
한정된 기관에서 만들어져
혈액을 통해
다른 기관으로 운반되어
미량으로 특수한
작용을 일으키는
물질을 정의하는
말인데......

내가 설명한 건
내당이 아니라
다른 호르몬이지만...
뭐, 괜찮아! ♡

밥은 곱빼기로!!

호르몬은
정말
다양하구나.

- 국소 호르몬
  → 자기 자신과 그 주변에 작용하는 것
- 신경 전달 물질
  → 뇌내에서 신경 세포 간 정보 전달을 하는 것
- 소화관이나 심장 등에서도 호르몬이 분비된다
- 비타민D도 호르몬으로 여겨진다

이 정의에
해당하지
않는
호르몬도
있다는
사실이
밝혀졌어.

맛있어~

지글지글

그럼
구나~

◆ 호르몬과 비타민의 차이는?

대부분의 비타민은 체내에서 만들 수 없으므로 음식으로 섭취한다. 반면에 호르몬은 음식으로 섭취할 경우 소화, 분해되어 그대로 작용하지 않는 경우가 많다. 예를 들어 혈당치를 낮추는 작용을 하는 인슐린은 섭취할 경우에는 작용하지 않지만, 주사로 혈액 속에 넣어주면 정상적으로 작용한다. 음식으로도 섭취하고 체내에서도 만들어지는 중간적 존재가 비타민D다.

♠ 호르몬과 비타민의 차이

■비타민
・체내에서 합성할 수 없다
・음식으로 섭취해 보충한다

■호르몬
・체내에서 합성할 수 있다
・음식으로 섭취해도 작용하지 않는다

■비타민D
・비타민D는 양쪽에 포함된다

◆ 호르몬 구이의 호르몬은?

호르몬 구이의 호르몬은 소나 돼지 등의 내장을 의미한다. 내장 호르몬의 어원에 대해서는 여러 가지 설이 있다. 그중 오사카 사투리로 버리는 것을 '호루몬(放るもん)'이라고 한 데서 유래되었다는 설이 가장 유명하다. 하지만 이 설은 사실이 아니라고 한다.

일본식육협의회의 자료에 따르면 전쟁 전에는 자라 요리 같은 보양식을 호르몬 요리라고 불렀다. 따라서 내장 호르몬의 이름은 영양이 풍부한 식자재를 섭취하면 활력이 높아진다는 뜻을 담아 의학용어인 호르몬에서 유래되었다는 설이 유력하다.

결국, 호르몬 구이의 호르몬은 이 책에서 다루는 호르몬에서 파생된 셈이다.

19

환경 호르몬이란?

환경 호르몬은 '외인성 내분비 교란 화학 물질'을 지칭하는 말이다. 인공적으로 만들어진 합성 화학 물질로 구조가 호르몬과 비슷해서 진짜 호르몬과 비슷한 기능을 하거나 반대로 그 기능을 방해하기 때문에, 체내 정상 호르몬의 기능을 어지럽힌다.

WWF(세계자연기금)의 과학 고문인 테오 콜본이 1996년 미국에서 출간한 『도둑 맞은 미래(Our Stolen Future)』라는 책을 계기로 환경 호르몬이 세계적으로 주목받기 시작했다. 이 책은 그동안 생물에 무해한 줄 알았던 합성 화학 물질이 사람이나 야생 동물의 생식기 장애나 이상 행동을 일으킬수 있다는 사실을 지적했다. 그중 하나가 여성 호르몬과 비슷한 작용을 하는 화학 물질에 의해 수컷 야생 동물의 생식기가 여성화되는 현상이다. 일본에서 잉어의 번식 활동 이상 등이 발견된 적이 있는데, 공업용 세정제로 사용되는 화학 물질인 노닐페놀이 원인으로 보인다. 인간의 정자 수가 환경호르몬으로 인해 감소하고 있다는 보고도 있지만 환경 호르몬과의 인과관계가 명확하게 밝혀지지 않았다. 이처럼 환경 호르몬 물질에 대해서는 아직알려지지 않은 부분도 많다. 그래서 지금도 세계적으로 관련 연구가 꾸준히진행되고 있다.

♠ 환경 호르몬이란?

그건 정상적인 호르몬의 기능을 어지럽히는 합성 화학 물질이야.

'환경 호르몬'이 뭐야?

- DDT(농약, 제조 금지)
- PCB(전기제품 등에 사용, 사용 금지)
- 노닐페놀(세정제나 산화방지제 등의 원료)
- 비스페놀A(플라스틱 등의 원료)
- 프탈산에스테르(플라스틱 등의 원료) 등

'정자 수 감소' 이게 아까 말한 여성화구나.

여성화라는 건 여당남다랑은 다를 거라구!

여성 호르몬과 비슷한 작용을 하는 환경 호르몬은 수컷을 여성화시켜서 '생식기 장애'를 일으키기도 해. 무섭지?

무 시

호르몬과 페로몬의 차이는?

페로몬은 생물이 분비하는 화학 물질로, 그리스어로 '흥분(자극)을 운반하는 것'이라는 뜻이다. 호르몬은 자신의 체내에서만 작용하는 반면에 페로몬은 체외로 분비되어 동종 생물에게 영향을 미친다. 사람 이외의 동물, 특히 곤충은 번식기에 성 페로몬을 뿜어서 상대를 유인하기도 한다. 지금까지 인간에게는 페로몬을 감지하는 능력이 없는 줄 알았지만 최근 연구를 통해 인간에게도 이러한 능력이 있다는 사실이 알려졌다.

가장 유명한 사례는 도미토리 효과(기숙사 효과)로 동거하는 여성끼리 월경 주기가 같아지는 현상을 이르는 말이다. 이는 실험을 통해서도 확인되었다. 두 달간 한 여성의 겨드랑이 냄새를 머금은 솜을 다른 여성의 코 밑에 문지르자, 냄새를 맡은 여성의 월경 주기가 냄새를 제공한 여성의 월경 주기와 가까워졌다.

또, 여성은 남성의 HLA형별을 감지할 수 있다. HLA란 백혈구나 세포가 가진 단백질로 면역 기능에 매우 중요한 역할을 한다. 백혈구는 HLA형을 통해 개체를 구별하는데 덕분에 체내에 병원체와 같은 이물질이 들어왔을 때 이를 알아차리고 공격할 수 있지만, 장기 이식을 할 때에는 이식한 장기를 이물질로 간주해 거부 반응이 일어나기도 한다. 여성은 무의식적으로 남성의 HLA형을 감지해 자신과 다른 HLA형 남성의 냄새에 더욱 호감을 느낀다. 다른 HLA형 사이에서 태어난 아이일수록 면역력이 강해지기 때문이다. 그래서 가임기의 여성일수록 HLA형이 다른 남성을 선호하고, HLA형이 비슷한 부부일수록 아이를 갖기 어렵다.

♠ 호르몬과 페로몬의 차이

호르몬
　　→ 체내에서 분비되어 체내 기관에 영향을 미치는 것
페로몬
　　→ 체외로 분비되어 동종 생물에게 영향을 미치는 것

동거하는
여성끼리
월경 주기가
같아지는
현상

호르몬의 종류

호르몬은 화학 구조에 따라 다음과 같이 크게 세 종류로 나뉜다.

- **펩타이드(단백질) 호르몬**
- **스테로이드 호르몬**
- **아미노산 유도체 호르몬**

지금부터 각각의 호르몬에 대해 알아보자.

◆ 펩타이드(단백질) 호르몬

펩타이드 호르몬은 아미노산이 2개 이상 연결된, 단백질 호르몬을 말한다. 단백질은 20가지의 아미노산 중 몇 가지가 결합해서 만들어진다. 그중 비교적 아미노산의 수가 적은 것은 펩타이드, 아미노산의 수가 많은 것은 단백질이라고 부른다. 하지만 펩타이드와 단백질을 구분하는 명확한 경계선이 있는 것은 아니다. 또 펩타이드 안에서도 아미노산이 10개 정도인 것은 올리고펩타이드, 그 이상인 것은 폴리펩타이드라고 부른다. 대표적인 펩타이드 호르몬으로는 성장 호르몬과 인슐린 등이 있다.

◆ 스테로이드 호르몬

스테로이드 호르몬은 콜레스테롤에서 유래된 지질 호르몬이다. 지질(脂質)이란 신체 속에 있는 물에 잘 녹지 않는 화합물의 총칭으로 그중 스테로이드는 거북이 등딱지를 모아놓은 것 같은 스테로이드 골격 구조를 띤다. 대표적인 스테로이드 호르몬으로는 여성 호르몬(에스트로겐)과 남성 호르몬(안드로겐), 부신 피질 호르몬(코르티코이드) 등이 있다.

♠ 호르몬의 화학 구조

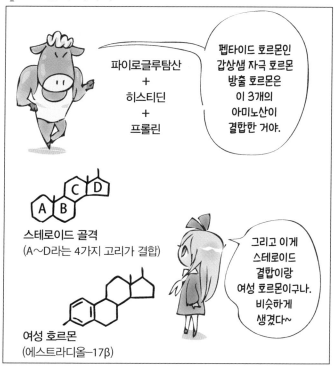

파이로글루탐산
+
히스티딘
+
프롤린

펩타이드 호르몬인 갑상샘 자극 호르몬 방출 호르몬은 이 3개의 아미노산이 결합한 거야.

스테로이드 골격
(A〜D라는 4가지 고리가 결합)

그리고 이게 스테로이드 결합이랑 여성 호르몬이구나. 비슷하게 생겼다〜

여성 호르몬
(에스트라디올−17β)

◆ 아미노산 유도체 호르몬

아미노산 유도체 호르몬은 아미노산이 변화해 생긴 호르몬이다. 유도체 물질이 변화해 생기는 화합물을 가리킨다. 대표적인 아미노산 유도체 호르몬으로는 아드레날린, 멜라토닌, 갑상샘 호르몬 등이 있다. 신경 전달 물질인 도파민과 노르아드레날린, 세로토닌 등도 아미노산 유도체 호르몬이다. 타이로신에서 도파민, 노르아드레날린, 아드레날린이 생성되고 트립토판에서 세로토닌, 멜라토닌이 생성된다.

◆ 기타(지방산 유도체 호르몬)

지방산 유도체 호르몬은 지방산이 변화해 생긴 호르몬이다. 지방산은 지방이 분해되어 생긴 물질을 가리킨다. 대표적인 지방산 유도체 호르몬으로는 프로스타글란딘이 있다. 프로스타글란딘은 자궁을 뺀 전신의 조직에서 만들어지는 호르몬이다. 자궁 수축, 위액 분비 억제, 혈관 및 기관지 확장 같은 기능을 하고 생리통 같은 통증의 원인이 되기도 한다.

♠ 호르몬의 종류

펩타이드 호르몬

- 성장 호르몬
- 인슐린
- 갑상샘 자극 호르몬 방출 호르몬 등

스테로이드 호르몬

- 여성 호르몬(에스트로겐)
- 남성 호르몬(안드로겐)
- 부신 피질 호르몬 (코르티코이드) 등

아미노산 유도체 호르몬

- 아드레날린
- 멜라토닌
- 갑상샘 호르몬
- 신경 전달 물질 (도파민, 세로토닌, 노르아드레날린) 등

호르몬이 작용하는 구조

호르몬은 체내에서 만들어져 특정 기관에 정보를 전달하거나 작용을 일으키는 화학 물질이다. 호르몬은 대부분 혈액을 통해 체내로 운반된다. 호르몬은 전신으로 운반되지만 정해진 기관에만 정보를 전달하거나 작용한다. 정해진 기관이 아닌 곳에 명령을 전달하지는 않는다. 이는 호르몬과 그호르몬에 의해 명령을 받는 표적 기관이 열쇠와 열쇠 구멍 같은 관계를 맺고 있기 때문이다. 호르몬을 열쇠라고 보았을 때, 표적 기관에는 수용체(리셉터)라고 불리는 열쇠 구멍 역할을 하는 존재가 있다. 그래서 호르몬은 해당 호르몬과 결합하는 수용체를 가진 표적 기관에만 정보를 전달하고 영향을 미친다.

다만 하나의 호르몬에 대한 수용체는 1종류만 있는 것이 아니라 복수 존재하기도 하므로 하나의 호르몬이라도 결합하는 수용체마다 다른 정보를 전달할 수 있다. 호르몬 A가 수용체 B와 결합했을 때와 수용체 C와 결합했을 때, 각각 다른 정보를 전달할 수 있다는 말이다. 그래서 하나의 호르몬이라도 표적 기관 별로 다른 정보를 전달하거나 표적 기관 별로 다른 작용을 미칠 수 있다.

♠ 호르몬이 작용하는 구조

호르몬과 수용체

호르몬은 정해진 수용체와만 결합해 정보를 전달한다. 혈액을 통해 표적 기관에 도달한 호르몬은 해당 기관의 세포에 있는 수용체와 결합한다. 수용체와 결합한 호르몬은 표적 기관이 특정 활동을 개시하도록 명령을 내리거나 세포의 핵 속에서 발견되는 유전자 본체인 DNA가 단백질을 만들게 하는 등의 작용을 한다.

호르몬의 종류에 따라 결합 방법이 다르다. 스테로이드 호르몬은 세포 안이나 핵 안으로 들어가 내부에 있는 수용체와 결합한다. 그리고 수용체와 결합한 스테로이드 호르몬은 직접 DNA에 작용해 단백질을 만들게 한다.

반면에 세포 안으로 들어갈 수 없는 펩타이드 호르몬이나 아미노산 유도체 호르몬은 세포막에 있는 수용체와 결합하고 그 자극이 세포 내로 전달된다. 전달된 자극이 특수 효소나 단백질을 활성화시켜 세포나 DNA에 위와 같은 작용을 미치는 것이다. 하지만 신경 전달 물질인 도파민, 노르아드레날린, 세로토닌 같은 아미노산 유도체 호르몬은 위와 다른 전달 방법을 취한다. 그 방법에 대해서는 신경 전달 물질 부분에서 자세하게 알아보자.

♠ 호르몬과 수용체

호르몬을 분비하는 기관

    호르몬을 분비하는 기관을 내분비 기관(내분비샘)이라고 한다. 호르몬을 만드는 세포는 해당 내분비 기관을 지나는 모세 혈관으로 호르몬을 분비한다. 호르몬을 분비하는 주요 기관에는 시상 하부, 하수체(뇌하수체), 췌장(랑게르한스섬), 부신, 갑상샘, 부갑상샘, 정소(고환), 난소 등이 있다. 이와 같은 기관 외에도 심장, 위, 간, 신장, 장 등에서도 호르몬이 분비된다.

    다음은 주요 내분비 기관과 각 기관에서 분비되는 호르몬을 정리한 것이다.

♠ 호르몬을 분비하는 기관

■ 정소(남성)
　남성 호르몬(테스토스테론)
■ 난소(여성)
　여성 호르몬
　(에스트로겐, 프로게스테론)

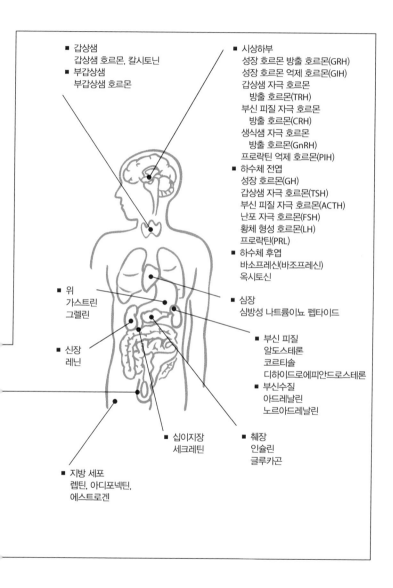

- 갑상샘
  갑상샘 호르몬, 칼시토닌
- 부갑상샘
  부갑상샘 호르몬

- 시상하부
  성장 호르몬 방출 호르몬(GRH)
  성장 호르몬 억제 호르몬(GIH)
  갑상샘 자극 호르몬
  　　방출 호르몬(TRH)
  부신 피질 자극 호르몬
  　　방출 호르몬(CRH)
  생식샘 자극 호르몬
  　　방출 호르몬(GnRH)
  프로락틴 억제 호르몬(PIH)
- 하수체 전엽
  성장 호르몬(GH)
  갑상샘 자극 호르몬(TSH)
  부신 피질 자극 호르몬(ACTH)
  난포 자극 호르몬(FSH)
  황체 형성 호르몬(LH)
  프로락틴(PRL)
- 하수체 후엽
  바소프레신(바조프레신)
  옥시토신

- 위
  가스트린
  그렐린

- 심장
  심방성 나트륨이뇨 펩타이드

- 신장
  레닌

- 부신 피질
  알도스테론
  코르티솔
  디하이드로에피안드로스테론
- 부신수질
  아드레날린
  노르아드레날린

- 십이지장
  세크레틴

- 췌장
  인슐린
  글루카곤

- 지방 세포
  렙틴, 아디포넥틴,
  에스트로겐

호르몬의 특징

다음은 스탈링이 제시한 호르몬의 정의에 따라 호르몬의 특징을 정리한 것이다. 후에 이에 해당하지 않는 호르몬도 발견되었지만 그에 대해서는 뒤에서 자세히 알아보자.

- **체내에서 만들어진 화학 물질**

호르몬은 체내에서 단백질의 원료인 아미노산과 콜레스테롤 등으로 만들어진 화학 물질이다.

- **특정 기관에서 만들어진다**

일반적으로 호르몬은 특정 내분비 기관에서 만들어진다. 구체적인 내분비 기관으로는 정소, 난소, 췌장, 부신, 갑상샘, 시상하부, 하수체 등이 있다.

- **혈액 중으로 분비되어 혈액에 의해 운반된다**

호르몬은 내분비 기관에서 그곳을 지나는 모세혈관으로 분비되어 혈액을 통해 표적 기관까지 운반된다.

- **떨어진 기관에 작용한다**

일반적으로 호르몬은 혈액을 통해 운반되어 분비 기관에서 떨어진 기관에서 작용하는 경우가 많다. 이후 분비 세포 자신 혹은 옆 세포에 작용하는 것과 뇌내 신경 전달 물질처럼 신경 간 전달 물질로 작용하는 것이 존재한다는 사실도 밝혀졌다.

- **작용하는 기관이 정해져 있다**

각 호르몬이 작용하는 기관은 정해져 있어 그 외의 기관에서는 작용하지 않는다. 다만 하나의 호르몬이 여러 가지 작용을 하거나 반대로 여러 호르몬이 협력해 한 가지 작용을 하기도 한다.

- 호르몬은 미량으로 작용한다

표적 기관에 작용하기 위해 필요한 호르몬의 양은 매우 적다. 예를 들어 여성이 평생 체내에서 분비하는 여성 호르몬의 양은 티스푼 하나 정도밖에 되지 않는다. 호르몬이 미량으로 작용한다는 것은 적당한 호르몬의 양이 제한되어 있다는 뜻이기도 하다. 그래서 호르몬의 양이 조금이라도 부족하거나 넘치면 신체에 여러 가지 악영향을 미치게 된다.

♠ 호르몬의 특징

호르몬의 작용

생물이 태어나서 자라고 살아가는 데에 호르몬은 없어서는 안 되는 존재이다. 체내 환경 유지부터 성장, 번식 활동, 성별 결정 등 엄마 뱃속에 있을 때부터 태어나고 죽을 때까지 다양한 작용과 관련이 있다. 호르몬의 작용을 세세하게 다 이야기하려면 끝이 없다. 다음은 우선 호르몬의 대표적인 기능을 간단히 정리한 것이다.

- **체내 환경 유지**

신체는 호르몬을 이용해 신체의 상태를 항상 일정하고 건강한 상태로 유지한다. 예를 들면 우리의 몸은 혈당을 항상 일정 범위 내로 유지한다. 혈당이 높아지면 췌장에서 인슐린을 분비해 혈당을 낮추고 혈당이 떨어지면 췌장에서 글루카곤을 분비해 혈당을 높인다. 이외에도 호르몬을 통해 체온과 혈압, 혈중 염분량과 수분량 등 여러 가지를 조절한다.

- **신체의 성장**

호르몬은 신체와 뇌의 성장에 중요한 역할을 한다. 대표적인 호르몬으로는 성장 호르몬이 있다. 성장기에 성장 호르몬이 부족하면 키도 충분히 자라지 않는다.

- **성별 결정**

태아는 엄마 배 속에서 남성 호르몬의 영향을 받는데, 이 정도에 따라 성별이 결정된다. 태어난 후에도 성 호르몬의 영향을 받아 성장한다.

- **번식, 임신, 출산**

성 호르몬은 성 행동과 성 기능 등의 번식 활동과 임신, 출산과 관련해서도 중요하다.

- **신체의 방어**

세균에 감염되거나 정신적 스트레스를 받았을 때 신체를 방어하고 저항력을 높인다.

- **뇌의 작용을 컨트롤**

신경 전달 물질은 뇌내 호르몬으로 다양한 뇌내 활동과 관련이 있다. 종류와 양에 따라 정신과 감정 등을 컨트롤한다.

신체는 항상 일정한 상태로 유지된다

시간이나 계절에 따라 우리 주위의 기온은 크게 변화하지만 인간의 체온은 항상 37도 정도로 유지된다. 이는 뇌의 시상하부를 중심으로 신경계와 내분비계가 협력해 체내 환경을 일정하게 유지하도록 조절하기 때문이다. 이처럼 신체 상태를 항상 일정하게 유지하는 기능을 항상성(호메오스타시스)이라고 부른다.

신경계는 신경에 의한 네트워크다. 뇌와 뇌 아래로 이어지는 척수까지를 중추 신경계, 중추 신경계에서 갈라져 신체 구석구석까지 퍼져 있는 것을 말초 신경계라고 한다. 말초 신경계는 다시 체성 신경과 자율 신경으로 나뉜다.

체성 신경은 신체가 받은 정보를 뇌까지 전달함과 동시에 뇌에서 신체를 움직이기 위한 지령을 전달하는 신경이다. 그리고 체성 신경 중 신체가 받은 정보를 뇌까지 전달하는 것을 감각 신경, 뇌에서 움직임의 지령을 전달하는 것을 운동 신경이라고 한다. 또 자율 신경은 심장의 움직임이나 체온 등 체내 환경을 자동으로 컨트롤하는 신경계로, 교감 신경과 부교감 신경이 있다.

일반적으로 신경계는 순식간에 정보를 전달하지만, 내분비계는 혈액으로 운반되는 호르몬을 통해 정보를 전달하기 때문에 작용이 나타나기까지 조금 시간이 걸린다. 하지만 호르몬으로 인해 전달된 정보의 작용은 길게 지속되는 편이다. 예를 들어 갑자기 큰 지진이 났을 때 바로 심장이 두근거리는 것은 자율 신경에 의한 작용이지만 이후에도 한동안 심장이 계속 뛰는 현상은 내분비계의 작용 때문이다.

♠ 항상성과 신경계

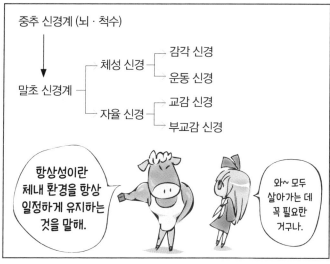

중추 신경계 (뇌 · 척수)

말초 신경계 ┬ 체성 신경 ┬ 감각 신경
                        └ 운동 신경
          └ 자율 신경 ┬ 교감 신경
                        └ 부교감 신경

항상성이란 체내 환경을 항상 일정하게 유지하는 것을 말해.

와~ 모두 살아가는 데 꼭 필요한 거구나.

시상하부 ┬ 자율 신경계 (교감 신경, 부교감 신경)
          │ 거의 순간적으로 작용한다
          └ 내분비 계열 (호르몬의 분비)
            작용하기까지 조금 시간이 걸린다

갑작스러운 지진에 놀라서 두근거리는 것은 '자율 신경'

지진이 진정된 이후에도 두근거림이 계속되는 것은 '내분비 계열'의 작용이지.

담담…

두근 두근

털∽컹

꺄악

두근 두근

체내 환경은 간뇌가 컨트롤한다

　항상성을 컨트롤하는 것은 대뇌 아래 중심부에 있는 간뇌로 시상, 시상하부, 하수체, 솔방울샘으로 이루어져 있다.

　시상은 신체가 감지한 감각을 대뇌로 전달하는 중계 지점이다.

　시상하부는 각종 호르몬 분비를 조절하는 중추 기관으로 자율 신경도 컨트롤하고 있다. 시상하부의 명령에 따라 자율 신경계가 작용하고 호르몬이 분비되어 호흡, 체온, 혈압 등 체내 환경이 유지되고 또 식욕이나 성욕 등 본능적인 행동에도 영향을 미친다.

　하수체는 시상하부 밑에 매달리듯 붙어 있는 1cm 정도의 작은 부분으로 크게 전엽과 후엽으로 나눌 수 있다. 하수체는 시상하부와 연계해 성장 호르몬, 갑상샘 자극 호르몬, 부신 피질 자극 호르몬, 난포 자극 호르몬, 황체 형성 호르몬, 프로락틴(여성 호르몬의 하나. 유선 자극 호르몬 또는 황체 자극 호르몬이라고도 한다), 바소프레신(혈압 상승이나 소변량을 조절한다), 옥시토신(여성 호르몬의 하나. 자궁을 수축시키거나 마음을 편안하게 한다)을 분비한다.

　시상 뒤쪽에 있는 솔방울샘은 생체 리듬을 조절하는 멜라토닌이라는 호르몬을 분비한다.

♠ 항상성을 컨트롤하는 간뇌

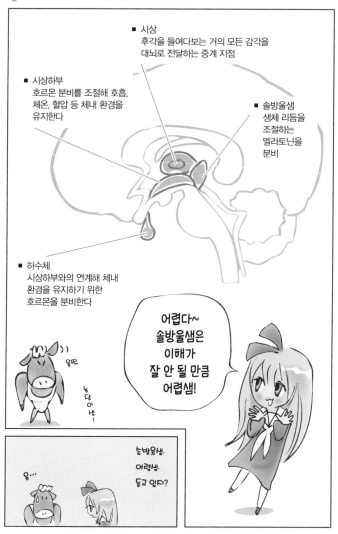

■ 시상
후각을 들여다보는 거의 모든 감각을
대뇌로 전달하는 중계 지점

■ 시상하부
호르몬 분비를 조절해 호흡,
체온, 혈압 등 체내 환경을
유지한다

■ 솔방울샘
생체 리듬을
조절하는
멜라토닌을
분비

■ 하수체
시상하부와의 연계해 체내
환경을 유지하기 위한
호르몬을 분비한다

어렵다~
솔방울샘은
이해가
잘 안 될 만큼
어렵샘!

솔방울샘.
어렵샘.
듣고 있다?

자율 신경의 작용

　자율 신경은 눈 깜짝할 사이에 심장의 움직임과 혈압, 체온 등을 자동으로 조절한다. 갑자기 놀랐을 때 심장이 뛰거나 식은땀을 흘리는 것은 자율 신경 때문이다. 자율 신경에는 교감 신경과 부교감 신경이 있다. 이들 두 신경은 서로 협조하며 신체 환경의 균형을 유지하는데, 대부분 서로 반대되는 작용을 하므로 한쪽 활동이 활발할 때는 한쪽 활동이 억제된다. 예를 들어 교감 신경은 심장 박동을 촉진하고 혈압을 올리는 작용을 하는 반면 부교감 신경은 심장 박동을 억제하고 혈압을 낮추는 작용을 한다. 일반적으로 교감 신경은 돌발적인 긴급 상황에 신체가 대응하도록 작용하고, 부교감 신경은 신체를 휴식시키고 편안하게 하도록 작용한다.

　자율 신경계에 의한 체온 조절은 다음과 같이 이루어진다.

♠ 자율 신경의 작용

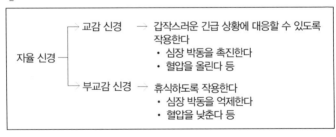

시상하부는 체온이 떨어진 것을 감지하면 교감 신경의 작용을 통해 피부 표면 근처에 있는 혈관을 수축하고 혈류를 저하시켜 방열을 막는다. 또 방열을 위해 체모를 일으키는데 이를 닭살이라고 한다. 동시에 근육 온도를 올리기 위해 몸이 떨리기 시작한다.

반대로 체온이 오른 것을 감지하면 부교감 신경의 작용을 통해 피부 표면 근처에 있는 혈관을 확장해서 방열한다. 땀을 더 흘려서 체온을 낮추는 셈이다.

◆ 교감 신경은 긴급 상황에서 작용한다

교감 신경은 주로 신체가 긴급 상황에 대처하도록 작용한다. 신경 말단에서 신경 전달 물질인 노르아드레날린을 분비해서 표적 기관으로 정보를 전달하는데, 이를 신경내분비라고 한다. 그 결과 호흡과 심장 박동을 촉진해서 전신의 근육과 뇌로 많은 양의 혈액을 보내 빠르게 움직일 수 있게 된다. 또, 신장 위에 있는 부신 수질을 자극해서 혈액 속으로 아드레날린과 노르아드레날린을 분비해서 긴급 상황에 대응하기 위한 체제를 갖춘다. 반대로 긴급 상황에서 불필요한 소화 활동 같은 것은 억제된다.

이처럼 교감 신경은 즉각적으로 상황에 맞는 행동을 할 수 있도록 필요한 신체기능을 높이는 동시에 불필요한 기능을 억제한다.

♠ 자율 신경에 의한 체온 조절 구조

체온 저하	체온 상승
↓	↓
시상하부가 감지	시상하부가 감지
↓	↓
• 피부혈관을 수축시켜 방열을 막는다 • 체모를 세운다(닭살) • 근육 온도를 높이기 위해서 몸을 떤다	• 피부혈관을 확장시켜 방열한다 • 땀을 흘려 체온을 낮춘다

◆ 부교감 신경은 휴식을 촉진한다

부교감 신경은 신체의 휴식과 회복을 촉진한다. 알맞은 온도의 물로 목욕을 할 때 나른한 기분을 느끼게 되는 것은 부교감 신경이 작용하기 때문이다.

부교감 신경은 신경 말단에서 신경 전달 물질인 아세틸콜린을 분비해 정보를 전달한다. 그 결과 호흡이 느려지고 심장 박동도 억제된다. 음식물 소화를 돕기 위해 침 분비와 위와 장의 소화 활동이 활발해진다. 간에서는 포도당이 되는 글리코겐이 합성되어 에너지가 축적된다. 이처럼 부교감 신경은 신체를 쉬게 하고 체력을 회복한다. 이를 통해 부교감 신경이 교감 신경과 반대의 작용을 하고 있다는 사실을 알 수 있다.

두 신경계가 균형을 유지하면 신체가 안정을 유지할 수 있다. 하지만 지속해서 스트레스나 과로 등에 노출되면 두 신경계의 균형이 깨져 가슴 두근거림, 두통, 어지러움, 설사, 권태감 등 다양한 증상이 나타난다. 이른바 자율 신경 실조증이라고 불리는 현상이다.

♠ 교감 신경과 부교감 신경의 차이

	교감 신경	부교감 신경
눈	동공 확장	동공 수축
입	타액 억제	타액 촉진
심장	박동 촉진	박동 억제
혈압	올라간다	내려간다
폐	기도 확장	기도 수축
위	소화 억제	소화 촉진
간	글리코겐 분해	글리코겐 합성
부신 수질	'아드레날린, 노르아드레날린 분비'	작용 없음
장	소화 억제	소화 촉진
피부	혈관 수축	작용 없음
말초 혈관	수축한다	확장한다
땀샘	발한 촉진	작용 없음
방광	이완(소변을 모은다)	수축(소변을 배출한다)
음경	사정을 촉진한다	발기를 촉진한다

호르몬은 시간을 들여 작용한다

자율 신경은 순간적으로 작용하지만 호르몬은 조금 시간이 걸린다. 호르몬은 혈액을 통해 표적 기관으로 옮겨지고, 혈액이 몸을 한 번 순환하는 데에는 약 5분 정도가 걸린다. 그러므로 표적 기관으로 호르몬이 도달하기까지 최장 5분 정도 걸린다. 표적 기관에 도달한 호르몬이 세포 내 유전자에 작용해 유전자 활동이 시작되려면 이보다 더욱 오랜 시간이 걸린다. 하지만 호르몬 작용은 자율 신경보다 오래 지속된다. 이는 호르몬이 체내 환경 유지뿐만 아니라 성장, 임신, 출산, 성별 결정 등 평생 살아가는 데 필요한 다양한 일과 관련이 있기 때문이다.

체온 조절을 위해 호르몬이 작용하는 방법을 살펴보자. 체온이 떨어지고 있다는 정보가 뇌에 전달되면 시상하부에서 갑상샘 자극 호르몬을 방출하게 만드는 호르몬이 분비된다. 이 호르몬이 시상하부 아래 있는 하수체에 작용해서 갑상샘 자극 호르몬이 분비된다. 갑상샘 자극 호르몬이 혈액을 통해 갑상샘으로 운반되면 갑상샘 호르몬이 분비된다. 갑상샘 호르몬에는 세포의 활동을 촉진시켜 대사 기능을 높이는 작용이 있다. 그 결과, 전신의 세포에서 열이 발생해 체온이 상승하게 된다.

♠ 호르몬에 의한 체온 조절 구조

■ 호르몬에 의한 체온 조절 구조
체온이 떨어지고 있다는 정보
↓
시상하부
　↓갑상샘 자극 호르몬 방출 호르몬
하수체
　↓갑상샘 자극 호르몬
갑상샘
　↓갑상샘 호르몬
전신의 세포 활동이 촉진된다
↓
체온이 상승한다

호르몬의 분비는 항상 일정하다

호르몬은 체내 환경을 유지하기 위해 끊임없이 분비된다. 하지만 호르몬은 극히 미량으로 작용하기 때문에 아주 조금만 분비량이 과잉되거나 부족해도 온몸에 큰 영향을 주게 된다. 호르몬 관련 질병은 호르몬 과다 분비 또는 부족으로 인해 일어나는 경우가 대부분이다.

그래서 신체에는 호르몬의 분비를 적정한 양으로 유지하는 기능이 갖추어져 있는데 이를 피드백 기관이라고 한다. 호르몬 분비는 시상하부에서 시작하는 지령 계통이 중심이 된다. 시상하부는 대뇌와 체내 각 기관의 정보를 바탕으로 호르몬 양이 일정하게 유지되도록 명령을 내린다. 어떤 호르몬이 과도하게 분비되는 것을 감지하면 분비를 억제하는데, 이것을 네거티브 피드백이라고 한다. 반대로 분비를 촉진하는 것은 포지티브 피드백이라고 한다.

예를 들어 하수체에서 성장 호르몬이 과다 분비되면 그 정보가 시상하부로 전달되고, 시상하부에서 성장 호르몬 억제 호르몬이 방출되어 하수체로부터의 분비가 억제된다. 또 하수체에서 분비되는 갑상샘 자극 호르몬이 과잉되면 그 정보가 직접 하수체로 전달되어 갑상샘 자극 호르몬 분비가 억제되기도 한다.

♠ 피드백 기관의 기능

■ 피드백 기관

호르몬의 분비는 항상 일정하게 유지된다
네거티브 피드백: 과도한 호르몬의 분비를 억제
포지티브 피드백: 부족한 호르몬의 분비를 촉진

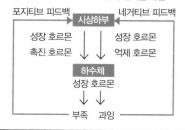

49

제2장

뇌내 호르몬이란?

뇌내 호르몬은 다양한 쾌락과 고민을 낳고 학습과 기억능력을 좌우한
다. 말하자면 일생 그 자체를 좌우하는 호르몬인 셈이다. 제2장에서는
뇌내 호르몬의 종류와 역할에 대해서 알아보자.

신경 전달 물질이란?

신경 전달 물질은 주로 뇌내에서 작용하는 물질이다. 신경 전달 물질은 신경 세포(뉴런) 말단에서 분비되어 다른 신경 세포로 정보를 전달한다. 그래서 신경 전달 물질은 일반적인 호르몬과 구분되는 경우도 많다. 하지만 신경 전달 물질 또한 체내에서 정보를 전달하기 위해 만들어진 화학 물질이고, 신경 전달 물질 중에는 아드레날린이나 노르아드레날린처럼 혈액으로 분비되는 것도 있어서 넓은 의미의 호르몬으로 본다. 그래서 뇌내 호르몬이라고도 불린다.

뇌에는 약 1,000억 개 이상의 신경 세포가 있다. 뇌의 복잡한 활동은 방대한 수의 신경 세포 네트워크와 그 사이에서 정보를 전달하는 다양한 신경 전달 물질로 이루어진다. 예를 들어 좋다 싫다, 기쁨과 슬픔, 공포와 분노 같은 감정이나 마음은 신경 전달 물질의 작용에 의한 것이다.

신경 전달 물질에는 흥분성과 억제성이 있고 그 균형에 따라 정보의 전달이나 정신 상태가 좌우된다. 특정 신경 전달 물질의 작용이 너무 강하거나 약하면 마음의 균형이 깨져서 짜증이 나거나 우울감을 느끼는 등, 마음의 평온을 잃어버리게 된다.

◆ 신경 전달 물질을 분비하는 신경핵

　신경핵은 뇌간에 있는 신경 세포 집단으로 주요 신경 전달 물질을 생성하고 분비한다. 신경핵은 작은 뇌와 같은 부분으로, 뇌간에는 이러한 신경핵이 여럿 있다. 신경핵은 뇌 속 구석구석까지 축삭(신경 섬유)을 늘려 노르아드레날린, 도파민, 아드레날린, 세로토닌 등과 같은 신경 전달 물질을 분비한다.

♥ 신경 전달 물질이란?

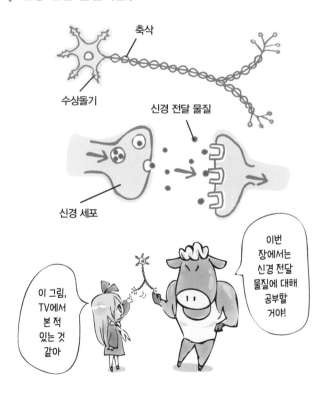

주요 신경 전달 물질

　신경 전달 물질은 구조에 따라 아미노산, 모노아민, 펩타이드로 분류된다. 또 뇌에 미치는 작용으로 분류하면 크게 흥분성과 억제성으로 나뉜다.

♥ 주요 신경 전달 물질

- **아미노산**(가장 일반적인 신경 전달 물질)
  아미노산 자체가 신경 전달 물질로 작용하는 것
  예 :　글루탐산 → 대표적인 흥분성 물질
  　　　감마 아미노낙산(GABA) → 대표적인 억제성 물질
  　　　글리신 → 억제성 물질

- **모노아민**
  아미노산으로 만들어진 것
  예 :　아세틸콜린 → 흥분성 신경 전달 물질. 기억 등과도 연관이 있다.
  　　　도파민 → 흥분성 신경 전달 물질. 쾌감, 의욕과 연관이 있다.
  　　　노르아드레날린 → 흥분성 신경 전달 물질. 분노, 의욕과 연관이 있다.
  　　　아드레날린 → 흥분성 신경 전달 물질. 공포, 의욕과 연관이 있다.
  　　　세로토닌 → 정신을 안정시키는 등 조절 역할을 하는 물질이다.
  　　　멜라토닌 → 수면 등 생체 리듬과 연관이 있다.

- **신경펩타이드**
  아미노산이 여러 개 연결되어 만들어진 것
  엔도르핀 → 통증을 완화해서 행복감을 가져온다
  엔케팔린 → 통증을 완화해서 행복감을 가져온다

노르아드레날린
…불안, 공포, 분노, 의욕

세로토닌
…정신 안정, 의욕

아드레날린
…불안, 공포, 분노, 의욕

도파민
…쾌감, 기쁨, 공격

감마 아미노낙산(GABA)
…정신 안정, 진정, 스트레스 억제

방출되는
신경 전달 물질의
종류와 양에 따라
감정이나 마음 상태가
좌우되지!

신경 세포 사이로 신호가 전달되는 구조

뇌의 활동은 신경 세포의 네트워크를 통해 이루어진다. 신경 세포 내부의 정보는 전기 신호로 전달된다. 신경 세포끼리의 정보 전달은 길게 뻗은 축삭 말단과 수상돌기에서 이루어진다. 하지만 이 축삭의 말단과 수상돌기 사이에는 약간의 틈이 있어 직접 연결되어 있지 않다. 그래서 신경 세포끼리의 정보 전달은 신경 전달 물질이 한다. 이 신경 세포끼리의 이음새 주변부를 시냅스라고 하고 시냅스에 있는 틈새를 시냅스 간극이라고 한다.

신경 전달 물질은 전기 신호를 화학 신호로 변환하여 정보를 전달한다. 먼저 수상돌기로 받은 신호가 전기 신호로 축삭 속 말단까지 전해진다. 축삭 말단에 전기 신호가 닿으면 거기에 있는 작은 주머니에서 신경 전달 물질이 시냅스로 분비된다. 신경 전달 물질은 다른 신경 세포의 수상돌기에 있는 수용체에 결합한다. 신경 전달 물질에 대응하는 수용체도 호르몬처럼 정해진 특정 신경 전달 물질에만 반응한다. 수용체와 신경 전달 물질이 결합하면 전기 신호가 발생한다. 그리고 그 전기 신호가 다시 신경 세포를 통해 축삭의 말단까지 전달된다.

♥ 신경 세포 사이로 신호가 전달되는 구조

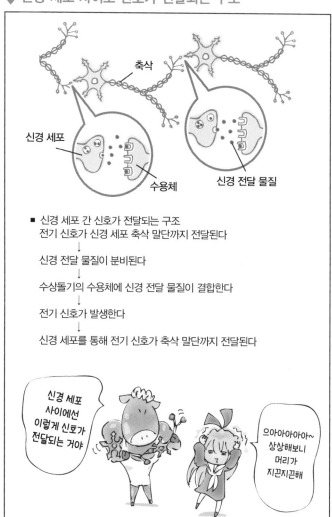

■ 신경 세포 간 신호가 전달되는 구조
전기 신호가 신경 세포 축삭 말단까지 전달된다
↓
신경 전달 물질이 분비된다
↓
수상돌기의 수용체에 신경 전달 물질이 결합한다
↓
전기 신호가 발생한다
↓
신경 세포를 통해 전기 신호가 축삭 말단까지 전달된다

신경 세포 내에서 전기 신호가 전달되는 구조

신경 세포 내에서 전기 신호가 전달되는 방식은 전선 속의 전기가 전달되는 방식과 다르다. 신경 세포는 세포 겉과 속의 전위차를 역전시켜 전기 신호를 전달한다.

① 보통 신경 세포 바깥쪽과 안쪽에는 전위차가 있다. 바깥쪽이 전기적으로 플러스, 안쪽은 마이너스를 띤다. ② 자극이 가해지면 자극받은 부분의 전위가 잠시 역전되어 바깥쪽이 마이너스, 안쪽이 플러스가 된다. 이때

♥ 신경 세포 내에서 신호가 전달되는 구조

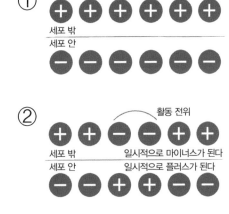

발생한 세포 내의 플러스 전위를 활동 전위(임펄스)라고 한다. ③ 전위 역전은 곧 원래대로 돌아가지만 활동 전위의 자극으로 인해 옆에 위치한 전위가 역전되어 다시 활동 전위가 발생한다. ④ 계속해서 옆의 전위가 역전해서 활동 전위가 차례로 전달된다.

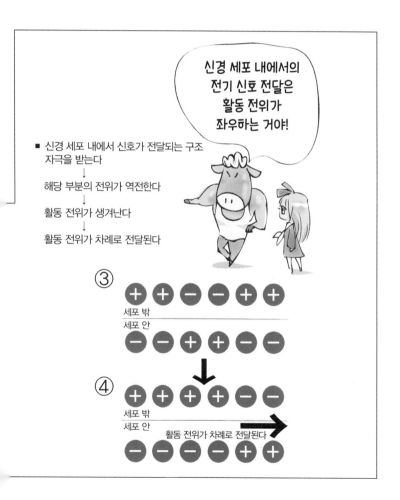

신경 전달 물질에는 흥분성과 억제성 물질이 있다

신경 전달 물질에는 신호를 전달하는 흥분성 신경 전달 물질과 반대로 신호를 약하게 하는 억제성 신경 전달 물질이 있다. 하나의 신경 세포는 수천 개의 신경 세포에서 보내는 흥분성, 억제성 신호를 전달받는데, 다수결처럼 흥분성 신호가 어느 일정 이상이 되었을 때만 그 정보가 전달된다. 대표적인 흥분성 신경 전달 물질로는 글루탐산과 노르아드레날린, 도파민이 있다. 그리고 대표적인 억제성 신경 전달 물질에는 감마 아미노낙산(일명 GABA, 가바)과 글리신이 있다. 서로 반대되는 신경 전달 물질들이 균형 있게 작용해야 뇌는 정상적인 활동을 해서 정신과 감정이 안정적인 상태가 된다. 예를 들어 흥분성 신경 전달 물질은 노르아드레날린의 작용이 과하면 불안이나 공포, 분노, 짜증이 증가해서 수면장애, 불안장애, 공황장애 등을 겪을 수 있다. 이를 억제하기 위해 개발된 수면제나 항불안제, 정신안정제 등은 억제성 신경 전달 물질인 감마 아미노낙산의 기능을 촉진한다. 그 결과 노르아드레날린의 기능을 억제할 수 있는 것이다.

♥ 흥분성 신경 전달 물질과 억제성 신경 전달 물질

흥분성 신경 전달 물질
- 글루탐산
- 노르아드레날린
- 도파민
- 아세틸콜린 등

억제성 신경 전달 물질
→ 신호를 억제하는 작용
- 감마 아미노낙산
- 글리신 등

아하~

신경 전달 물질에는 흥분성과 억제성, 두 종류가 있어

뾰로통

앗! 내가 하려던 말을 빼앗겼다 ...

흥분과 억제로 균형을 잡아서 마음이 안정되는 구나. 마치 시소 같아!

아무 것도 아냐. 그냥 노르아드레날린이 많아졌을 뿐이야

왜 그래? 계속 말이 없네

각성제 같은 약물이
쾌락을 부르는 원리는?

신경 전달 물질도 호르몬처럼 정해진 수용체와만 결합한다. 노르아드레 날린은 노르아드레날린 전용 수용체와만 결합할 수 있다. 그런데 신경 전달 물질과 구조가 비슷한 화학 물질 중 수용체와 결합해 신경 전달 물질과 같은 작용을 하는 경우가 있다.

신경 전달 물질인 도파민은 쾌감을 불러일으킨다. 도파민과 비슷한 성분 (암페타민 또는 메스암페타민)이 함유된 각성제를 섭취하면 비정상적인 쾌락을 느끼게 된다. 코카인, 아편, LSD 등 다른 약물도 뇌에 비슷한 작용을 한다. 알코올은 도파민의 기능을 억제하는 신경 전달 물질의 작용을 억제해서 도파민의 작용이 강해지기 때문에 기분이 좋아지는 것으로 추측된다.

신경 전달 물질인 아세틸콜린은 각성 작용과 학습, 기억과 관계있다. 담배에 포함된 니코틴은 이러한 아세틸콜린과 같은 작용을 한다. 흡연을 통해 니코틴을 섭취하면 쉽게 짜증이나 머리가 멍한 상태에서 벗어날 수 있다. 하지만 흡연을 계속하다 보면 아세틸콜린의 역할을 니코틴이 차지해서 니코틴을 섭취해야 머리가 맑아지게 된다.

♥ 약물이 쾌락을 부르는 이유

■ 각성제의 작용

각성제(암페타민, 메스암페타민)는 도파민과 구조가
비슷하다

↓

도파민의 방출을 촉진해 감소하는 것을 방해한다

↓

뇌내 도파민의 농도가 높아진다

↓

강한 흥분이나 쾌감을 느끼게 된다

약물은
일시적으로
쾌락을 주지만
종착역은
파멸!

■ 니코틴의 작용

니코틴은 아세틸콜린과 같은 작용을 한다

↓

흡연으로 니코틴이 아세틸콜린 대신에 작용하게 된다

↓

흡연하지 않으면 아세틸콜린이 부족한 상태가 된다

↓

흡연하면 짜증이 가라앉고 머리가 맑아진다

으앙
무서워

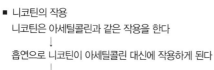

세로토닌이 부족하면 우울증에 걸린다?

세로토닌은 정신을 안정시키고 차분하게 만든다. 또 수면과 각성에도 연관이 있다. 경우에 따라 흥분성 신경 전달 물질로도 억제성 신경 전달 물질로도 작용한다. 세로토닌은 노르아드레날린과 도파민의 활동을 조절해서 불안감과 우울감, 짜증을 없애고 충동적, 공격적인 감정을 억제한다. 세로토닌이 부족하면 우울증이나 불안장애, 수면장애가 올 수 있다. 그래서 우울증 등 정신질환을 위한 약물치료에서 세로토닌의 작용을 강하게 하는 경우가 많다. 이외에도 세로토닌은 수면, 각성, 식욕, 섭식장애, 성욕과도 관련이 있으며 소화관 운동을 조절하는 호르몬의 기능도 한다.

세로토닌은 아미노산인 트립토판에서 생성된다. 트립토판은 체내에서 만들 수 없기 때문에 음식물로 섭취해야 한다. 세로토닌이 많이 함유된 식품에는 육류, 낫토, 아몬드, 유제품 등이 있다. 아침 햇살을 받으면 세로토닌의 분비가 증가하고, 리듬 운동과 걷기 등을 통해 세로토닌 신경계가 활성화된다. 세로토닌 분비량 증가와 우울증 예방 및 개선에는 규칙적인 생활습관과 워킹이나 조깅 같은 가벼운 리듬 운동이 효과적이다.

♥ 세로토닌의 작용을 증가시키는 방법

■ 세로토닌의 작용
  • 흥분성으로 작용할 수도 있고 억제성으로 작용할 수도 있다
  • 노르아드레날린과 도파민의 활동을 조절한다
  • 불안감을 해소해 정신을 안정시키고 진정시킨다
  • 수면과 각성을 조절한다
  • 소화관의 운동을 조절한다

■ 세로토닌이 부족하면
  • 우울증이나 불안장애에 빠진다
  • 짜증이 난다, 진정이 안 된다, 충동적이다, 공격적이다
  • 수면장애가 생긴다

■ 세로토닌을 늘리는 방법
  • 세로토닌은 아미노산 트립토판에서 생성된다
    → 트립토판을 많이 함유한 육류, 낫토, 아몬드, 유제품 등을 섭취한다
  • 아침 햇살을 받는다 → 규칙적인 생활을 한다
  • 워킹, 조깅 등 리듬운동을 한다
  • 아침 식사를 한다(잘 씹어서 먹는다) → 리듬운동이 된다

이제 세로토닌의 작용에 관해서 설명할게.

아침 산책의 효과가 어마어마하구나

멜라토닌은 수면 호르몬

　사람이나 동물은 체내 시계의 작용을 통해 아침에 눈을 뜨고 밤에 잠드는 하루의 리듬, 즉 일주기 리듬(서커디언 리듬)을 가지고 있다. 체내 시계는 시상하부에 있는 시교차 상핵이 컨트롤한다. 체내 시계는 약 25시간 주기로 되어 있어 어긋남이 발생한다. 아침에 시교차 상핵이 빛의 자극을 받으면 체내 시계가 초기화되어 어긋남이 수정된다. 수면과 각성의 리듬과 관련된 것이 세로토닌과 멜라토닌이다. 세로토닌은 각성과 관련이 있고 멜라토닌은 수면과 관련이 있다. 그래서 멜라토닌은 수면 호르몬으로도 불린다.

　멜라토닌은 뇌간에 있는 솔방울샘에서 세로토닌에 의해 생성된다. 밤이 어두워질수록 세로토닌의 분비가 감소하고 멜라토닌이 증가한다. 멜라토닌은 뇌의 흥분을 가라앉히고 체온을 낮춰 잠을 청한다. 멜라토닌의 분비량이 적으면 잠을 못 자거나 숙면을 하지 못하는 등 수면장애가 생긴다. 또 멜라토닌에는 체내 활성산소를 제거하는 항산화 작용과 세포의 암화를 방지하는 항암 작용도 있다. 멜라토닌의 분비량은 나이가 들면서 감소한다. 나이가 들수록 잠이 얕아지는 것은 이 때문이다.

♥ 멜라토닌의 작용과 일주기 리듬

■ 멜라토닌의 작용
- 솔방울샘에서 세로토닌으로부터 생성된다
- 밤에 어두워지면 분비량이 증가한다
- 뇌의 흥분을 가라앉히고 체온을 낮춰 수면을 유발한다
- 항산화 작용, 항암 작용 등도 있다
- 나이가 들면서 분비량이 감소한다

■ 일주기 리듬(서커디언 리듬)
- → 체내 시계가 작용한다
- → 시상하부에 있는 시교차 상핵이 컨트롤한다
- → 아침에 빛의 자극을 받으면 초기화된다

도파민은 쾌락을 느끼게 한다

　새로운 것을 시작하거나 여행 계획을 세울 때, 사랑에 빠졌을 때, 성공했을 때, 칭찬을 받을 때 강한 쾌감과 행복감을 느끼는 것은 도파민이 작용하기 때문이다.

　특정 행위로 인해 도파민이 분비되어 쾌락이나 행복을 느끼면 뇌는 이를 학습해서 도파민 분비를 원하게 되고 의욕과 동기 부여가 발생한다. 특정 행위를 통해 욕구를 충족시키고 목표를 달성하면 더 큰 의욕이 생기고 인간적으로 성장할 수 있다. 인간이 고도의 사회를 이룰 수 있었던 것도 이러한 도파민의 작용 덕분이다. 하지만 이것이 마이너스로 작용하면 도박 의존증에 빠지기도 한다.

　도파민이 과다하면 공격적으로 변하거나 조현병(정신분열증)에 걸리기도 한다. 반대로 도파민이 부족하면 파킨슨병에 걸린다. 파킨슨병은 고령자들에게 많이 발병하는 뇌 질환 중 하나로 신체의 움직임이 둔해지거나 손발이 떨리는 증상이 특징이다.

♥ 도파민의 작용과 영향

■ 도파민의 작용
 • 즐거운 일이나 사랑에 빠졌을 때,
  여행 계획을 세울 때 쾌감이나
  행복감을 느낀다
 • 의욕이나 동기부여와도 관련이 있다
 • 도파민으로 인해 뇌가 쾌락을 느꼈다는 것을
  학습하고 다시 그 행동이 하고 싶어 진다

■ 도파민이 부족하면
 • 파킨슨병에 걸린다
 • 의욕이 떨어지고 우울증과도 관련이 있다?

■ 도파민이 과다 분비되면
 • 흥분 상태가 된다
 • 공격적으로 변한다
 • 의존증에 빠진다
 • 환각이나 망상이 나타난다
 • 조현증(정신분열증)이 된다

아세틸콜린은 학습 및 기억과 관련이 있다

아세틸콜린은 학습과 기억, 각성, 수면 등과 관련되어 있으며 부교감 신경이나 운동 신경으로 신호를 전달한다. 노르아드레날린을 통해 비상시 대응할 수 있는 자세를 준비하는 교감 신경과 달리 부교감 신경은 아세틸콜린을 통해 신체를 휴식시키고 에너지를 축적한다. 버섯에서 많이 찾아볼 수 있는 무스카린 또한 부교감 신경에 작용해서 심장 박동을 억제하거나 혈압을 낮추는 작용을 한다.

알츠하이머성 치매에 걸리면 아세틸콜린을 분비하는 신경 세포가 집중적으로 사멸해서 학습이나 기억에 장애가 나타나게 된다. 그래서 알츠하이머성 치매 증상을 억제하기 위해서 약으로 아세틸콜린을 늘리는 방법을 사용한다. 아세틸콜린을 분해하는 효소의 기능을 저해하는 약을 사용해 아세틸콜린을 늘리는 방법이다.

반대로 아세틸콜린이 과다하면 파킨슨병에 걸린다. 아세틸콜린의 작용을 억제하는 도파민이 부족해진 결과, 아세틸콜린의 작용이 과도해지기 때문이라고 추측된다.

💜 아세틸콜린의 역할과 영향

아세틸콜린

- 알츠하이머성 치매와 아세틸콜린의 관계
  - 알츠하이머성 치매
  뇌의 신경 세포가 감소하고 뇌가 위축되면서 발생하는 치매. β(베타) 아밀로이드라는 단백질이 뇌에 과도하게 축적되는 것이 원인으로 보인다.
  아세틸콜린을 분비하는 신경 세포가 집중적으로 사멸해서 치매가 진행된다. 알츠하이머성 치매 치료를 위해 아세틸콜린을 증가시키는 방법이 사용되고 있다.

- 아세틸콜린이 과다하면
  → 파킨슨병에 걸린다
  아세틸콜린의 작용을 억제하고 있는 도파민이 부족해서 결과적으로 아세틸콜린의 작용이 과도해지기 때문으로 추측된다.

아세틸콜린이 감소하면 치매에 걸릴 수도 있으니 조심해야 해

베타엔도르핀은 뇌내 마약

양귀비 열매로 만들어진 모르핀은 아편에 함유된 마약 물질이다. 모르핀에는 강한 진통 효과가 있어서 의료 분야에서 강한 진통제로 사용되고 있다. 행복감을 느끼게 해주는 모르핀은 반복 사용하면 중독된다.

사람들은 식물 성분인 모르핀이 뇌에 작용해서 진통 효과를 발휘하는 것으로 보아 뇌에 모르핀과 비슷한 구조를 띠는 물질이 존재할 것이라고 추측했다. 1973년 예상대로 뇌 속에 진통 작용을 하는 신경 전달 물질이 발견되었다. 그것이 바로 베타(β) 엔도르핀이다. 엔도르핀은 체내에 있는 모르핀과 같은 물질이라는 뜻으로 뇌내 마약으로도 불린다. 베타 엔도르핀에는 모르핀의 약 100배의 진통 작용이 있다고 밝혀졌다. 이후 엔케팔린 같은 마약 유사 물질(오피오이드 펩타이드)이 여러 종류 발견되었다.

통증이나 스트레스를 느끼면 하수체에서 베타 엔도르핀이 분비되어 행복감과 진통 작용을 가져온다. 마라톤을 할 때 나타나는 러너스 하이(runners' high)나 침을 통한 마취 효과도 베타 엔도르핀에 의한 것이다. 또 성관계를 했을 때나 목욕을 하는 등의 신체가 진정된 때에서도 베타 엔도르핀이 분비된다.

♥ 베타 엔도르핀이란?

- ■ 엔도르핀
- • 체내에 있는 모르핀과 유사한 물질이라는 뜻
- • 뇌내 마약이라고도 불린다

- ■ 모르핀
- • 양귀비 열매로 만든 아편에 들어 있는 마약 물질
- • 강한 진통 효과, 행복감을 일으킨다
- • 진통제로 의료에서도 사용된다

- ■ 베타 엔도르핀의 작용
  - • 행복감, 진통작용 등
    ↓
    러너스 하이
    침 마취
    뜨거운 탕에 들어갔을 때
    성행위를 할 때
    릴랙스했을 때 등

제3장

주요 호르몬과 그 작용

내장에서 분비되는 주요 호르몬의 종류와 그 작용에 대해서 설명한다.
여기서 소개하는 호르몬의 분비가 과다하거나 부족하면 여러 가지 질병
을 일으킬 수 있으므로 질병 예방을 위해서라도 제대로 알아두자.

시상하부는 호르몬의 중추 기관

대뇌 아래 간뇌 부분에 위치하며 호르몬의 분비와 자율 신경을 컨트롤하는 시상하부는 내분비계의 중추라고 할 수 있다. 시상하부는 호르몬을 분비해서 하수체의 호르몬 분비를 촉진 또는 억제한다. 하수체에서 분비된 호르몬은 각 내분비 기관으로 전달되고 그곳에서 다시 호르몬이 분비된다. 일련의 과정을 통해 시상하부는 호르몬의 분비를 일정하게 유지되도록 조절한다. 그와 동시에 자율 신경에도 작용해서 체온 등 체내 환경을 항상 일정하게 유지하고 식욕과 생식 등 본능적인 활동에도 영향을 미친다.

♠ 시상하부의 역할

시상하부
　↓ 하수체의 호르몬 분비를 촉진, 억제
하수체
　↓ 호르몬으로 각 내분비 기관에 정보를 전달한다
각 내분비 기관
　↓ 호르몬의 분비
호르몬에 의한 작용

시상하부에서 분비되는 주된 호르몬과 그 작용을 정리하면 다음과 같다.

♠ 시상하부에서 분비되는 호르몬

- **성장 호르몬 방출 호르몬**
  하수체에서 성장 호르몬의 분비를 촉진한다

- **성장 호르몬 억제 호르몬**
  소마토스타틴이라고도 불린다. 하수체에서 성장 호르몬과 갑상샘 자극 호르몬의 분비를 억제한다. 또 소화관과 췌장에서도 분비되어 각종 호르몬의 분비를 억제한다.

- **갑상샘 자극 호르몬 방출 호르몬**
  하수체에서 갑상샘 자극 호르몬의 방출을 촉진한다

- **부신 피질 자극 호르몬 방출 호르몬**
  하수체에서 부신 피질 자극 호르몬의 방출을 촉진한다

- **생식샘 자극 호르몬 방출 호르몬**
  황체 형성 호르몬 방출 호르몬이라고도 불리며 하수체에서 황체 형성 호르몬과 난포 자극 호르몬의 방출을 촉진한다. 또 생식샘 자극 호르몬을 고나도트로핀이라고 부르기 때문에 고나도트로핀 방출 호르몬이라고 불리기도 한다.

- **프로락틴 억제 호르몬**
  하수체로부터 프로락틴의 방출을 억제한다. 도파민이 프로락틴 억제 호르몬으로 작용하는 것으로 보인다. 프로락틴은 여성 호르몬의 하나로 유선 자극 호르몬 또는 황체 자극 호르몬이라고도 한다.

종류가 많긴 하지만 한 번쯤 읽어두면 좋아

하수체에서 분비되는 호르몬

시상하부는 하수체로 정보를 전달하고 하수체는 전달받은 정보에 따라 신체에 중요한 호르몬을 분비한다. 하수체에서 분비되는 호르몬은 피드백 기관에 의해 항상 일정하게 유지된다.

하수체는 시상하부 아래에 매달리듯이 달린 1㎝ 정도의 작은 부분으로 크게 전엽과 후엽으로 나눌 수 있다. 또 전엽과 후엽 사이에는 아주 작은 중엽이 있다. 혈액을 통해 호르몬으로 정보를 전달받는 하수체 전엽과 중엽은 선성 하수체라고도 불린다. 신경을 통해 직접 정보를 전달받는 하수체 후엽은 신경성 하수체라고도 한다. 하수체 후엽의 호르몬은 후엽의 신경섬유 내에 축적된 것이기 때문에 시상하부에 있는 신경 세포로 만들어진다. 전엽에서는 성장 호르몬, 갑상샘 자극 호르몬, 부신 피질 자극 호르몬, 난포 자극 호르몬, 황체 형성 호르몬, 프로락틴이 분비되며 후엽에서는 바소프레신, 옥시토신을 분비한다. 중엽에서는 멜라닌 세포 자극 호르몬을 분비한다. 여성의 하수체가 남성보다 아주 조금 큰 것은 하수체에서 분비되는 호르몬에 임신이나 출산 등 여성의 신체와 관련된 것이 많기 때문으로 보인다.

하수체에서 분비되는 주요 호르몬과 그 작용을 정리하면 다음과 같다.

하수체에서 분비되는 호르몬

〈하수체 전엽 호르몬〉

- **성장 호르몬**
  성장. 대사 기능과 관계가 있다. 단백질 합성을 활발하게 한다.
  간의 글리코겐을 분해해 혈당치를 상승시킨다.
- **갑상샘 자극 호르몬**
  갑상샘에 작용해 갑상샘 호르몬을 분비시킨다.
- **부신 피질 자극 호르몬**
  부신 피질에 작용해 부신 피질 호르몬(코르티솔)을 분비시킨다.
- **난포 자극 호르몬**
  생식샘 자극 호르몬(고나도트로핀)의 일종. 여성의 난소에 작용해 난포(난자와 이를 감싸는 주머니 모양의 조직)의 성장을 촉진한다. 또 여성 호르몬의 분비를 촉진한다. 남성의 정소에 작용해 정소의 육성과 정자 생산을 촉진한다.
- **황체 형성 호르몬**
  생식샘 자극 호르몬의 일종. 여성 난소에 작용해 난포를 성숙시키고 배란시킨다. 배란 후에는 황체(난포의 세포가 변화한 것)를 발달시켜 프로게스테론(황체호르몬) 분비를 촉진한다. 남성의 정소에 작용해 테스토스테론의 합성, 분비를 촉진한다.
- **프로락틴**
  여성 호르몬의 일종. 유선 자극 호르몬 또는 황체 자극 호르몬이라고도 한다. 임신 중이나 출산 후에 분비가 왕성해져서 유선을 발달시키고 모유 분비를 촉진한다. 또 산후에는 유아가 젖꼭지를 빨아들이는 자극만으로도 프로락틴의 분비가 촉진된다. 프로락틴이 분비되는 동안에는 시상하부에서 생식샘 자극 호르몬 방출을 억제하기 때문에 배란이 일어나지 않는다.

〈하수체 중엽 호르몬〉

- **멜라닌 세포 자극 호르몬**
  피부에 있는 멜라닌 세포에 작용해 멜라닌 색소 합성을 촉진한다.

〈하수체 후엽 호르몬〉

- **바소프레신**
  항이뇨 호르몬이라고도 불리며 신장에 작용해 수분 재흡수를 촉진시켜 소변량을 감소시키고 체내 수분량이 부족하지 않도록 조절한다. 또 혈관을 수축시킴으로써 혈압을 상승시킨다.
- **옥시토신**
  여성 호르몬의 일종. 분만 시 분비가 증가해서 자궁을 수축시킨다. 유아가 유두를 빠는 자극으로 분비가 증가해 모유 분비를 촉진한다. 또 애정과 관련이 있는 것으로 추측된다.

성장 호르몬은 신체 성장에 꼭 필요한 호르몬

성장 호르몬은 신체의 성장과 대사 기능에 꼭 필요한 것으로 전신의 세포에 작용해 단백질을 합성해서 뼈와 근육의 성장을 촉진하고 신체 회복 작업을 한다. 이외에도 간의 글리코겐을 분해해 혈당을 상승시키는 작용을 한다. 성장 호르몬은 운동을 할 때나 수면을 취할 때 분비량이 증가한다.

성장 호르몬은 갓 태어난 신생아 시절과 성장기에 해당하는 사춘기에 가장 분비가 왕성하다. 특히 사춘기의 뼈 성장에 중요한 영향을 미친다. 성장기에 성장 호르몬의 분비가 과하면 신체가 비정상적으로 커지는 거인증이 나타난다. 반대로 성장 호르몬의 분비가 적으면 신체가 커지지 않고 작은 상태에서 멈춰버리는 성장 호르몬 분비 부전 저신장증(소인증)이 나타난다.

20대 이후에는 분비량이 줄어들고 50세 이후에는 사춘기의 6분의 1 수준까지 감소한다. 하수체에 발생하는 양성 종양 등의 이유로 사춘기가 지나고도 성장 호르몬이 과다 분비되면 말단비대증에 걸리게 된다. 말단비대증은 손발이나 턱 같은 뼈가 비정상적으로 성장해서 손발, 턱, 코, 입술 등이 커지는 외모의 변화가 특징이다.

♠ 성장 호르몬이란?

- 작용
  - 신체의 성장과 대사 기능
  - 단백질의 합성, 뼈와 근육의 성장 촉진
  - 혈당치를 상승시킨다

  - 성장 호르몬 과다
    - 말단비대증
    → 사춘기 이후의 과다 분비로 인해 나타난다.
      하수체 종양 등이 원인이다. 손발, 턱, 코, 입술 등이 비대해진다.
    - 거인증
    → 사춘기의 과다 분비로 인해 나타난다.
      신체가 비정상적으로 크게 성장한다.
  - 성장 호르몬 부족
    - 성장 호르몬 분비 부전 저신장증(소인증)
    → 사춘기에 호르몬 분비 부족으로 인해 나타난다.
      신체의 성장이 멈춘다.

옥시토신은 연애 호르몬?

하수체 후엽에서 분비되는 옥시토신은 남녀 모두 분비되는 호르몬으로 여성의 경우 자궁 수축과 모유 분비를 촉진한다. 뇌내에서도 신경 전달 물질로 작용해 반려나 자녀 같은 특정 상대에 대한 애정, 행복감, 성행동 등에도 관련이 있다. 이는 생쥐 연구를 통해 알려졌다. 옥시토신의 작용이 강한 프레리 생쥐는 일부일처제로 사는 반면 옥시토신의 작용이 약한 미국 생쥐는 일부일처제의 짝을 만들지 않는다. 옥시토신 농도가 높은 사람 또한 상대방에 대한 신뢰감과 애정이 강하다. 최근에는 옥시토신이 자폐증 등 대인 관계가 서툰 사람들의 증상 개선에도 효과가 있는 사실도 알려졌다. 그래서 옥시토신은 연애 호르몬, 애정 호르몬, 신뢰 호르몬, 행복 호르몬 등으로 불린다.

♠ 옥시토신이란?

자궁에서는 자궁을 수축시킨다
유선에서는 모유 분비를 촉진한다
↓
뇌내에서 신경 전달 물질로 작용해 특정 상대에 대한
애정과 신뢰감을 높이는 작용이 있다는 사실이 밝혀졌다
↓

**연애 호르몬, 애정 호르몬,
신뢰 호르몬, 행복 호르몬**
등으로 불리게 되었다

갑상샘 호르몬은 대사 기능을 높인다

　갑상샘은 목의 갑상 연골의 돌기 아래, 즉 목덜미 부근 앞쪽에 있는 내분비 기관으로 나비가 날개를 펼친 것 같은 형태를 띤다. 갑상샘에서 분비되는 호르몬에는 갑상샘 호르몬과 칼시토닌이 있다. 갑상샘 호르몬에는 아이오딘을 원료로 한 티록신과 트리아이오딘티로닌이 있다. 아이오딘을 4개 가진 것이 티록신이고, 3개 가진 것이 트리아이오딘티로닌으로 티록신이 더 많이 분비된다.

　갑상샘 호르몬은 전신 세포에 작용해 에너지 당질과 지질의 대사 기능을 높여 체온을 상승시키고 혈압과 심박수를 높여 혈당을 상승시킨다. 지질 대사도 높여 혈액 속 콜레스테롤의 수치를 낮춘다. 또 성장 호르몬의 작용을 촉진해 뼈의 성장과 어린이의 지능, 정신 발달과도 관련이 있다. 이처럼 갑상샘 호르몬은 정상적인 신체 활동에 중요한 영향을 미친다.

　갑상샘 호르몬은 개구리 등 양서류에게도 중요하다. 올챙이는 갑상샘 호르몬의 작용으로 개구리로 변태해서 갑상샘 호르몬이 없다면 개구리가 될 수 없다. 또 칼시토닌은 혈액 속 칼슘 농도를 낮추고 동시에 뼈에서의 칼슘 방출을 억제해서 뼈의 형성을 촉진한다.

♠ 갑상샘 호르몬이란?

갑상샘 호르몬은 인간뿐만 아니라 개구리 등 양서류에게도 중요해

- 갑상샘 호르몬
  - 티록신(싸이록신)
    → 아이오딘이 4개다. 갑상샘 호르몬의 대부분은 티록신이다.
  - 트리아이오딘티로닌
    → 아이오딘이 3개다. 분비량은 적지만 강하다

- 갑상선 호르몬의 작용
  - 체온을 상승시킨다
  - 혈당치를 높인다
  - 심박수, 혈압을 상승시킨다
  - 지질 대사를 높여 혈중 콜레스테롤 수치를 떨어뜨린다
  - 성장 호르몬의 작용을 촉진시킨다
  - 어린이의 성장(뼈의 형성, 지능, 정신 발달)과도 관련이 있다

- 칼시토닌의 작용
  - 혈액 속 칼슘 농도를 저하시킨다
  - 뼈에서 칼슘이 방출되는 것을 억제한다
  - 신장에서 소변으로의 칼슘 배설을 촉진한다

개굴

갑상샘 호르몬이 없다면 개구리가 될 수 없구나!

갑상샘 호르몬으로 인한 질환

◆ 갑상샘 기능 항진증(바제도병)

갑상샘 호르몬 과다 분비로 인한 대표적인 질환이 바제도병(바세도우병)이다. 남성에 비교해 여성에게 많이 나타난다. 바제도병의 원인으로 가장 흔한 것이 자가 면역 질환이다. 이는 세균 등의 감염으로부터 신체를 보호하는 면역 기능에 이상이 발생해 생기는 질병으로 갑상샘을 신체에 해를 가하는 존재로 오인해 갑상샘에 대한 항체를 만들어 공격해서 발생한다. 이로 인해 갑상샘이 자극받아 갑상샘이 붓고 갑상샘 호르몬을 과다 분비하게 되는 것이다. 갑상샘 호르몬이 과다 분비되면 항상 신체 대사 기능이 높은 상태가 된다. 그 결과, 가슴 두근거림이나 숨 가쁨, 발한 등의 증상이 나타나며 진정이 안 되고 짜증이 나거나 흥분하는 등 정신적으로도 불안정한 상태가 된다. 체중 감소, 손발 떨림, 안구 돌출 같은 신체적 증상이 나타나기도 한다. 자가 면역 질환에 걸리는 이유는 아직 명확하지 않지만, 유전적 요인과 환경, 감염 등이 거론되고 있다.

◆ 갑상샘 기능 저하증(하시모토병, 크레틴병)

갑상샘 호르몬 부족으로 인한 대표적인 질환은 만성 갑상샘염으로 하시모토병으로도 불린다. 만성 갑상샘염도 자가 면역 질환으로 갑상샘이 붓지만 바제도병과는 반대로 갑상샘 호르몬의 분비가 억제된다. 갑상샘 호르몬의 분비가 부족하면 신체 대사 기능이 저하되어 피로감, 권태감, 한기, 무기력 등을 느껴 우울증과 비슷한 상태가 된다. 눈꺼풀에 부종이 생기거나 목이 쉬는 등 노화가 진행되는 듯한 증상도 나타난다.

성인이 된 이후에 걸리는 갑상샘 기능 저하증을 하시모토병, 갓 태어난 영유아가 선천적으로 갑상샘 기능이 떨어지는 것을 크레틴병이라고 한다. 영유아 시기에 갑상샘 호르몬이 부족하면 키와 손발의 성장이 저해되고 지능과 정신적 발달도 늦어지게 된다. 갑상샘 기능 저하증은 갑상샘 호르몬제를 복용하면 극적으로 개선된다.

부갑상샘 호르몬은 칼슘 농도를 높인다

상피 소체라고도 불리는 부갑상샘은 갑상샘 뒤쪽에 좌우 2쌍씩 총 4개로 이루어진 작은 내분비 기관으로 갑상샘과는 독립된 기능을 가진다. 부갑상샘에서는 부갑상샘 호르몬(파라토르몬)이 분비된다. 부갑상샘 호르몬은 뼈에 있는 칼슘을 혈액 속으로 분비해 혈중 칼슘 농도를 높인다. 앞서 말한 갑상샘에서 분비되는 호르몬인 칼시토닌과 정반대의 작용이다. 또 신장에서 소변으로의 칼슘 배설을 억제해 재흡수를 촉진하고 신장에서의 비타민D 활성화를 촉진해 소화관에서 칼슘 흡수를 증가시킨다.

부갑상샘에 종양이 생겨 부갑상샘 호르몬이 과다 분비되는 부갑상샘 기능 항진증에 걸리면 혈중 칼슘 농도가 지나치게 높아지는 고칼슘혈증이 된다. 또 뼈에서 칼슘이 방출되기 때문에 관절통이 생기거나 뼈가 약해지거나 요로결석에 걸리기도 한다. 반대로 부갑상샘 호르몬이 부족한 부갑상샘 기능 저하증에서는 저칼슘혈증이 된다. 칼슘은 근육의 수축과 관계가 있어서 부족하면 손발이 저리거나 경련이 일어나기도 한다.

♠ 부갑상샘 호르몬이란?

칼슘이 부족—**부갑상샘 호르몬**(파라토르몬)

↓

칼슘 농도를 일정하게 유지한다

↑

칼슘이 증가—**갑상샘 호르몬**(칼시토닌)

체내에서
칼슘 농도를
조절하는 호르몬이
이 두 가지지

그렇구나~
작용하는
호르몬이
다르구나

- 부갑상샘 호르몬의 작용
  - 혈액 속 칼슘 농도를 높인다
    - → 뼈에 있는 칼슘을 혈액 속으로 방출시킨다
    - → 신장에서 소변으로 칼슘 배설을 억제하고 재흡수를 촉진한다
    - → 콩팥에서 비타민D 활성화를 촉진하고 소화관에서 칼슘 흡수를
      증가시킨다

- 부갑상샘 기능 항진증(부갑상샘 호르몬 과다)
  - 혈중 칼슘 농도가 높아진다 → 고칼슘혈증
  - 관절통, 뼈가 약해진다
  - 요로결석
  - 식욕부진, 갈증, 다뇨 등

- 부갑상샘 기능 저하증(부갑상샘 호르몬 부족)
  - 혈중 칼슘 농도가 낮아진다 → 저칼슘혈증
  - 손발 저림, 경련 등

부신에서 분비되는 호르몬

부신은 신장 위에 붙어 있는 삼각형 내분비 기관으로 표피 쪽을 부신 피질, 내부를 부신 수질이라 하며 각기 다른 호르몬을 분비한다. 부신 피질에서는 알도스테론(광질 코르티코이드), 코르티솔(당질 코르티코이드), 남성 호르몬인 디하이드로에피안드로스테론 등의 호르몬을 분비하고 부신 수질에서는 아드레날린과 노르아드레날린이 분비된다. 이들은 생명 유지에 필

♠ 부신에서 분비되는 호르몬

수적인 당 대사, 나트륨과 칼륨 등 무기염류(미네랄류) 농도조절, 면역 기능, 염증 억제, 자율 신경 작용 등과 관련된 중요한 역할을 한다.

◆ 부신 피질의 호르몬

• 알도스테론

전해질 코르티코이드 또는 미네랄 코르티코이드라고도 불린다. 신장에 작용해서 나트륨의 재흡수를 촉진하고 소변으로 배설되는 나트륨의 양을 감소시켜 혈중 나트륨 농도를 높인다. 반대로 칼륨의 배설을 촉진해서 혈중 칼륨 농도를 낮춘다. 나트륨이나 칼륨은 세포 내 체액 균형을 조절하거나 신경과 근육으로 자극을 전달하는 데 중요하므로 이 호르몬이 부족하면 저나트륨혈증이나 고칼륨혈증, 저혈압, 탈수 증상 등이 나타난다. 반대로 과다하면 저칼륨혈증이나 고혈압, 부종 등의 증상이 나타난다. 또, 알도스테론은 체내 수분량과 혈압을 일정하게 유지한다.

• 코르티솔

스트레스를 받을 때 분비되며 염증과 알레르기, 면역 기능에 대한 강한 억제작용이 있다. 또 포도당 생성을 촉진해 혈당치를 높인다.

• 디하이드로에피안드로스테론

디하이드로에피안드로스테론(DHEA)은 부신에서 분비되는 남성 호르몬의 하나로 부신 안드로겐이라고도 불리며 정소에서 분비되는 남성 호르몬보다 약하다. 이 호르몬은 테스토스테론이나 여성 호르몬으로 변환하는 전구물질(변환하기 전 물질)이기도 하다. 여성에게서도 분비되는 주요 남성 호르몬이지만 여성에게서는 여성 호르몬으로 변환된다. 성 호르몬의 작용(체모 등 발육 촉진) 외에도 동맥경화, 비만, 당뇨병, 골다공증 등의 억제와 면역 작용 등과 관련이 있는 것으로 보인다.

◆ 부신 수질 호르몬

• 아드레날린

주로 호르몬으로 분비되지만, 뇌에서는 흥분성 신경 전달 물질로도 작용한다. 긴급 상황 시 작용하며 특히 심박수의 증가, 포도당 생성을 촉진하고 혈당치 상승, 기관지 확장 등의 작용이 강하다. 1901년 일본인 화학자 다카미네 조키치가 결정화해 추출하는 것에 성공해 아드레날린이라고 이름 지었다. 같은 시기에 미국인 에이벨도 분리에 성공해 에피네프린이라고 이름 지었다. 그래서 미국에서는 에피네프린으로 불린다.

• 노르아드레날린

호르몬으로도 분비되고 있지만 주로 뇌에서 흥분성 신경 전달 물질로, 또 교감 신경에서는 신경 말단에서 전달 물질로 분비되어 위급할 때 작용하며, 말초 혈관을 수축시키고 혈압을 상승시킨다. 미국에서는 노르에피네프린이라고 불린다.

♠ 부신 피질과 부신 수질 호르몬

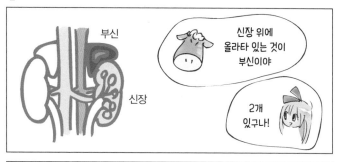

- ■ 부신 피질 호르몬
  - • 알도스테론
    - → 혈액 속 나트륨과 칼륨의 농도 조절
  - • 코르티솔
    - → 면역 기능, 염증, 알레르기 억제, 포도당 생성을
      촉진하고 혈당치를 높인다
  - • 디하이드로에피안드로스테론
    - → 성 호르몬 작용, 동맥경화, 비만, 당뇨병,
      골다공증 등 억제, 면역 작용 등

- ■ 부신 수질 호르몬
  - • 아드레날린
    - → 긴급 시에 일한다. 심박수 증가, 혈당 상승,
      기관지 확장 등
  - • 노르아드레날린
    - → 긴급 시에 일한다. 혈압 상승 등

아드레날린과 노르아드레날린은 긴급 상황에서 작용한다

아드레날린과 노르아드레날린은 교감 신경에서 전달받은 정보를 통해 부신 수질에서 분비된다. 양쪽 다 몸을 비상사태에 대비해서 호흡과 심장 박동을 촉진해서 전신의 근육과 뇌로 대량의 혈액을 보내 빠르게 움직일 수 있도록 한다. 노르아드레날린은 교감 신경 말단에서 신경 전달 물질로 분비되어 즉시 표적 기관으로 지령을 보낸다. 반면 아드레날린은 주로 부신 수질에서 호르몬으로 분비되어 시간을 두고 작용한다. 공포를 느낀 후 한동안 심장 박동이 멈추지 않는 것은 이 때문이다. 이들은 뇌에서 신경 전달 물질로서의 공포, 분노, 불안, 주의, 집중, 각성, 진통 등과 관련된 작용을 한다.

노르아드레날린이 과다 분비되면 공황발작 등이 일어난다. 또 적당한 스트레스로 인한 노르아드레날린 분비는 긍정적으로 작용하지만, 지속적인 스트레스를 받으면 우울증이나 불안장애, 자율 신경 기능 이상 등이 생길 수 있다. 참고로 아드레날린은 노르아드레날린에서 생성되고 노르아드레날린은 도파민에서 생성된다.

♠ 아드레날린과 노르아드레날린의 작용

- 아드레날린
  (에피네프린)은 주로
  호르몬으로써 작용
- 노르아드레날린
  (노르에피네프린)은 주로
  신경 전달 물질로써 작용

아드레날린도
노르아드레날린도
긴급사태에
신체를 대응시키는
작용을 하지

응응

터벅
터벅

호르몬 구이

영업중!!

아드레날린 측정기

우악~~!
이런 곳에
호르몬 가게가~
몰랐어~
맙소사~

선생님
완전
전투태세
인데

아드레날린 측정기

아쉽지만
오늘은 엄마가
집에서
밥 먹자고
하셨어
다음에 오자

우?

여기서
저녁 먹고
가자!

코르티솔은 스트레스 호르몬

스트레스란 외부로부터의 물리적, 심리적 자극으로 인해 생기는 신체나 마음의 뒤틀림이다. 신체는 내부 환경을 항상 일정하게 유지하려고 해서 스트레스를 받으면 자율 신경계와 내분비계가 작용해서 신체에 생긴 뒤틀림을 정상으로 되돌리려고 한다.

단발적인 스트레스에는 주로 자율 신경계 교감 신경이 작용하고 내분비계 부신 수질에서 아드레날린과 노르아드레날린이 분비되어 긴급 상황에 대응할 수 있도록 한다. 지속적인 스트레스에는 주로 내분비계 부신 피질에서 강한 스트레스 호르몬인 코르티솔이 대량으로 분비된다. 코르티솔은 염증과 알레르기, 면역 기능을 억제한다. 의약품인 부신 피질 호르몬제나 스테로이드제는 코르티솔을 응용한 것이다.

적당한 스트레스는 신체에 필요한 자극이지만 과도한 스트레스를 지속해서 받으면 자율 신경이 균형을 잃거나 코르티솔 같은 스트레스 호르몬이 과다 분비되어 심신에 악영향을 미친다. 신체적으로는 피로와 권태감, 두통, 어지럼증, 위궤양, 설사, 식욕부진, 정신적으로는 불안과 우울감, 짜증, 집중력 저하 등의 증상이 나타나게 된다. 또, 코르티솔은 면역 기능을 억제하기 때문에 지속적인 스트레스를 받으면 감염병에 걸리기 쉽다.

♠ 코르티솔이란?

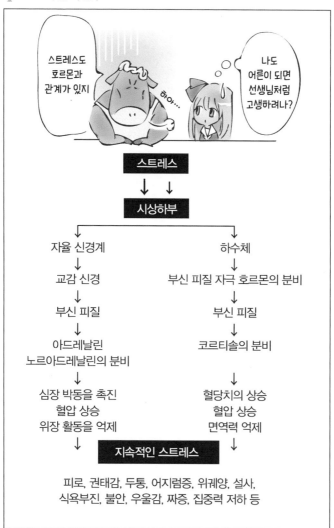

코르티솔은 포도당 생성을 촉진한다

코르티솔은 스트레스를 방어하는 것 외에도 에너지를 공급하기 위해 포도당의 생성을 촉진하고 혈당을 상승시킨다. 당질 코르티코이드라는 이름도 여기서 유래했다. 근육 등으로 아미노산의 흡수를 억제하고 단백질을 아미노산으로 분해해서 아미노산의 양을 늘리고 간에서 아미노산으로부터 포도당 생성을 촉진한다. 이렇게 당을 생성하는 것을 당신생(糖新生)이라고 한다. 나아가 다른 성장 호르몬이나 갑상샘 호르몬 등의 작용을 강화한다. 그야말로 생명을 유지하기 위해 필수적인 호르몬인 것이다.

코르티솔의 분비가 줄어들면 부신을 이물질로 오인하는 자가 면역 질환에 의해 애디슨병이 생긴다. 애디슨병은 부신의 기능을 저하시켜 당신생이 감소하기 때문에 에너지가 부족해져서 만성피로, 권태감, 저혈당, 저혈압, 식욕부진, 체중 감소 등의 증상이 나타난다. 나아가 스트레스에 대한 저항력도 약해진다. 애디슨병은 코르티솔을 보충하면 극적으로 증상이 개선된다.

반대로 하수체에 종양이 생겨 부신 피질 자극 호르몬을 과다 분비하거나 부신에 종양이 생겨서 코르티솔이 과다 분비되면 쿠싱증후군이 생긴다. 쿠싱증후군에 걸리면 고혈압, 고혈당으로 인한 당뇨병, 정신질환 등의 증상이 생긴다. 또 얼굴과 배 등에 국소적으로 지방이 붙는데 이렇게 부은 얼굴은 문페이스라고 불린다. 반대로 손발은 가늘어지고 근력이 저하된다. 이는 당신생 때문에 손발 근육이 필요 이상으로 분해되기 때문이다.

♠ 코르티솔의 기능

- 코르티솔의 작용
  - 면역 기능, 염증, 알레르기 등을 억제
  - 포도당의 생성(당신생)을 촉진하고 혈당치를 높인다
  - 다른 호르몬의 작용을 강화한다

- 코르티솔이 부족하면
  - 애디슨병
    - → 원인은 자가 면역 질환
    - → 에너지 부족, 만성피로, 권태감, 저혈당, 저혈압,
      식욕부진, 체중 감소, 스트레스에 대한 저항력도
      약해진다

- 코르티솔이 과다해지면
  - 쿠싱증후군
    - → 원인은 하수체 또는 부신 종양
    - → 고혈압, 고혈당, 당뇨병, 정신질환, 문페이스,
      손발이 가늘어지고 근력도 저하

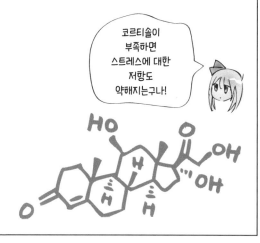

코르티솔이
부족하면
스트레스에 대한
저항도
약해지는구나!

췌장은 혈당치를 컨트롤하는 섬

췌장은 위장의 뒷부분에 있는 15cm 정도의 가늘고 긴 기관으로, 췌액을 분비하는 외분비샘과 호르몬을 분비하는 내분비샘으로 이루어져 있다.

췌액은 십이지장으로 분비되는 강력한 소화액으로 3대 영양소 등 대부분 음식물을 소화할 수 있다. 그래서 위를 모두 절제해도 췌액이 위액을 대신할 수 있다. 또 췌액은 위액으로 인해 산성이 된 소화물을 중성 또는 약알칼리성으로 만드는 역할도 한다.

췌장의 내분비샘은 췌장 내부에 섬처럼 흩어져 있는 분비 세포의 집합체로 췌섬 또는 발견자인 독일의 병리학자 랑게르한스의 이름에서 따온 랑게르한스섬으로 불린다. 췌장에는 20만~200만 개의 랑게르한스섬이 있다. 랑게르한스섬에는 α 세포(A 세포), β 세포(B 세포), δ(델타) 세포(D 세포)라는 세 종류의 세포가 있으며 혈당을 조절하는 호르몬이 분비된다. α 세포에서는 혈당치를 높이는 작용을 하는 글루카곤이 분비된다. 가장 많은 β 세포에서는 혈당을 낮추는 인슐린이 분비된다. 가장 적은 δ 세포에서는 이들 두 호르몬의 방출을 억제하는 소마토스타틴이 분비된다. 췌장 속에는 모세혈관이 그물코처럼 펴져 있어서 이 세포들에서 분비된 호르몬이 혈액으로 들어가 온몸으로 운반된다.

♠ 췌장의 역할

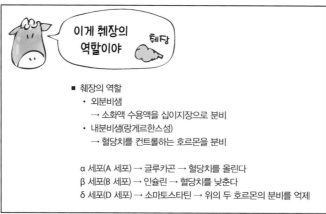

- 췌장의 역할
  - 외분비샘
    → 소화액 수용액을 십이지장으로 분비
  - 내분비샘(랑게르한스섬)
    → 혈당치를 컨트롤하는 호르몬을 분비

  α 세포(A 세포) → 글루카곤 → 혈당치를 올린다
  β 세포(B 세포) → 인슐린 → 혈당치를 낮춘다
  δ 세포(D 세포) → 소마토스타틴 → 위의 두 호르몬의 분비를 억제

혈당치를 컨트롤하는 구조

당분은 신체의 중요한 에너지원이다. 근육 세포 등은 지질(脂質)도 에너지원으로 삼을 수 있지만 뇌 신경 세포는 포도당만을 에너지원으로 해서 머리를 사용했을 때 단 것을 찾게 된다. 당분은 신체에 중요한 영양소이지만 과다하면 혈관과 신경에 손상을 주는 등 여러 가지 해를 끼치게 된다. 그래서 신체는 혈당치(혈중 당분량)를 일정하게 유지한다.

음식을 섭취하면 탄수화물 같은 당질이 소화 분해되어 포도당(글루코스)이 된다. 포도당은 혈액으로 들어가 전신으로 운반된다. 그래서 식사를 한 뒤에는 혈당치가 상승한다. 혈당치가 상승하면 췌장의 랑게르한스섬에서 인슐린이 분비된다. 인슐린은 세포가 포도당을 흡수해 에너지원으로 이용하도록 촉진한다. 또 여분의 포도당은 간에서 글리코겐으로 변환되어 축적된다. 그 결과, 혈당치가 떨어진다. 운동을 하거나 머리를 사용해서 혈당치가 떨어지면 랑게르한스섬에서 글루카곤이 분비되어 글리코겐의 분해를 촉진하고 혈당치를 상승시킨다. 인슐린이나 글루카곤이 너무 많이 분비되면 혈당치가 상승과 하락을 반복하게 된다. 그래서 이들의 과다 분비를 억제하기 위해 랑게르한스섬에서 소마토스타틴이 방출된다.

♠ 혈당치를 컨트롤하는 구조

당분은
에너지원이니까
몸이 기뻐하지.
하지만...

하~
지쳤을 때는
역시 단 걸
먹어야 해!

■ 췌장의 역할
　당분(포도당)은 신체의 에너지원
　↓
　과다하면 당뇨병 등이 된다
　↓
　항상 일정하도록 컨트롤한다

당분이
과다하면
당뇨병에 걸리지~

■ 혈당치를 컨트롤하는 구조
　음식을 섭취하면 혈당치가 상승한다
　↓
　인슐린을 분비해서 혈당치를 낮춘다
　↓
　[정상적인 혈당치]
　↑
　글루카곤을 분비해 혈당치를 올린다
　↑
　운동, 머리를 사용하면 혈당이 떨어진다

　※ 소마토스타틴은 인슐린과 글루카곤 분비를
　　억제해 과다 분비되지 않도록 한다

하나만
먹을까?!

14

인슐린의 작용이 저하되면
당뇨병에 걸린다

　인슐린은 체내에서 혈당을 낮추는 유일한 호르몬이다. 반면에 혈당을 높이는 호르몬으로는 글루카곤, 코르티솔, 갑상샘 호르몬, 아드레날린, 성장 호르몬 등이 있다. 혈당을 상승시키는 호르몬이 많은 이유는 당분이 우리가 살아가는 데 필수적인 에너지원이기 때문이다.

　인슐린은 혈당치를 낮추는 작용 외에도 단백질 합성을 촉진하거나 포도당을 지방으로 변환한다. 다만 인슐린은 혈당치를 낮추는 유일한 호르몬이기 때문에 인슐린의 분비가 부족하거나 세포의 인슐린에 대한 수용체 반응이 약해지면 혈당치가 높아진다. 이것이 당뇨병이다. 고혈당 때문에 신장에서 당분을 재흡수하지 못해서 소변에 섞여 배출되기 때문에 이러한 이름이 붙었다.

　당뇨병에는 Ⅰ형(인슐린 의존형)과 Ⅱ형(인슐린 비의존형)의 2종류가 있다. Ⅰ형은 자가 면역 질환이나 바이러스 감염 등으로 랑게르한스섬 β 세포가 파괴되어 인슐린 분비가 저하되어 일어난다. 15세 미만의 젊은 연령대에 많아서 젊은 당뇨병으로도 불린다. 갑자기 발병해서 중증이 되는 경우가 많다. Ⅱ형은 생활 습관병으로 중장년층에게 많은 일반적인 당뇨병을 말한다. 유전적 요인과 식생활, 운동 부족 등이 원인으로 인슐린의 분비 저하, 인슐린 수용체의 반응 저하 등으로 인해 인슐린의 작용이 상대적으로 약해져 일어난다. 당뇨병에 걸리면 갈증부터 다음, 다뇨가 되고 면역력의 저하, 체중 감소 등이 일어난다. 오래 방치하면 혈관, 신경, 신장, 망막 등이 손상되는 합병증이 생긴다.

♠ 인슐린의 작용과 당뇨병과의 관계

- 당뇨병의 종류
  - Ⅰ형(인슐린 의존형)
    - → 15세 미만의 젊은 연령대에 많은 젊은 당뇨병
    - → 랑게르한스섬의 β 세포가 파괴되어 인슐린 분비가
      저하되는 것이 원인
  - Ⅱ형(인슐린 비의존형)
    - → 생활 습관병으로 중장년층에게 많은 일반적인 당뇨병
    - → 유전적 요인, 식생활, 운동 부족 등으로 인슐린의 작용이 상대적으로
      약해지는 것이 원인

- 당뇨병 증상
  - 다음, 다뇨, 면역력 저하, 체중 감소
  - 혈관, 신경, 신장, 망막 등의 손상
    - → 동맥경화, 심근경색, 뇌출혈, 신경증, 당뇨병 망막증,
      당뇨병성 신증 등

15

비만과 암을 제어하는 호르몬

지방 세포는 지방을 축적하는 세포로, 지방 세포가 늘거나 커지면 점차 비만이 되어 간다. 지방 세포는 외부 충격을 완화하거나 추위를 막아 체온을 유지하고 기아에 대비해 에너지원으로서의 지방을 비축해둔다. 또 지방 세포에서도 호르몬이 분비된다.

지방 세포에서 분비되는 호르몬 등의 생리 활성 물질을 총칭해서 아디포 사이토카인이라고 한다. 아디포사이토카인에는 착한 호르몬과 나쁜 호르몬이 있는데 비만이 될수록 나쁜 호르몬의 작용이 활발해져서 생활 습관병이나 암에 걸리기 쉬워진다. 착한 호르몬에는 렙틴과 아디포넥틴이 있다.

렙틴은 1994년 발견된 호르몬으로 뇌의 시상하부에 있는 포만 중추에 작용해 식욕을 억제하고 에너지 소비량을 높여 살이 찌지 않게 한다. 다이어트를 원하는 사람에게는 이상적인 호르몬이지만, 안타깝게도 이미 비만이 된 사람에게는 효과를 잘 발휘하지 못한다. 렙틴의 분비가 감소하거나 기능이 나빠지면 포만감을 느끼기 어려워지기 때문에 과식해서 점점 살이 찌는 악순환이 된다.

아디포넥틴은 2006년 도쿄대 연구진이 발견한 호르몬으로 위암의 성장을 억제하고 동맥경화나 당뇨병 등 생활 습관병을 예방한다. 그래서 아디포넥틴은 장수 호르몬으로도 불린다. 다만 이 아디포넥틴도 비만의 정도가 큰 사람일수록 분비량이 적다. 비만이 될수록 착한 호르몬의 분비가 적어지기 때문에 암이나 생활 습관병에 걸리기 쉬워진다.

또 지방 세포에서는 여성 호르몬도 생성된다.

♠ 지방 세포에서 분비되는 호르몬

- 렙틴
  - → 뇌 시상하부 포만 중추에 작용해서 식욕을 억제한다
  - → 에너지 소비량을 증대시켜 살이 잘 찌지 않게 한다
  - → 이미 비만인 사람에게는 효과가 적다

- 아디포넥틴
  - → 위암 성장을 억제한다.
  - → 동맥경화나 당뇨병 등 생활 습관병을 예방한다
  - → 비만일수록 분비량이 적다

- 여성 호르몬(에스트로겐)

지방 세포에서
호르몬이 분비된다는
점은 최근 연구를
통해 밝혀진
사실이야

16

심장에서도 호르몬이 분비된다

심장과 신장, 위장 등 내분비 기관이 아닌 장기에서도 호르몬이 분비된다.

◆ 심장의 호르몬(심방성 나트륨이뇨펩타이드)

심장은 단순히 혈액을 내보내기만 할 뿐 아니라 심방에 있는 세포에서 심방성 나트륨이뇨펩타이드라는 호르몬도 분비한다. 심방성 나트륨이뇨펩타이드는 신장에 작용해서 소변을 통해 수분이나 나트륨, 칼륨 등의 배출을 촉진한다. 또 혈관을 확장해 혈압을 낮추는데 이는 모두 심장의 부담을 덜어준다. 체내 수분 증가와 혈압 상승이 심장에 부담이 되기 때문이다.

◆ 신장의 호르몬(레닌)

신장은 혈액에서 불순물을 빼내 소변을 만든다. 또 혈액에서 빼낸 불순물 중에서 수분, 당분, 나트륨, 칼륨 같은 미네랄류를 재흡수하기도 한다. 신장에서 분비되는 레닌은 간접적으로 혈압을 상승시킨다. 레닌은 간에서 생성되는 앤지오텐시노겐을 앤지오텐신 I 으로 변화시킨다. 앤지오텐신 I 은 더 나아가 앤지오텐신 II 이 된다. 이 물질은 혈관을 수축시킨다. 또 부신에서 작용하면 알도스테론이 분비되어 신장의 수분, 나트륨 재흡수를 증가시켜 혈압이 상승한다.

◆ 위장의 호르몬

위나 장에서 분비되는 호르몬을 장관(腸管) 호르몬이라고 한다. 주요 장관 호르몬으로는 위에서 분비되는 가스트린과 그렐린, 십이지장에서 분비되는 세크레틴 등이 있다. 가스트린은 위산 분비와 위 운동을 촉진한다. 그렐린은 식욕을 증진시키고 성장 호르몬의 분비를 촉진한다. 세크레틴은 췌장에서 나오는 췌장 분비를 촉진해서 가스트린의 분비와 위장 운동을 억제한다.

제4장

성별을 결정하는 성 호르몬

성 호르몬은 우리의 성을 결정짓는 중요한 호르몬으로 성별을 결정하고 내성기와 외성기를 만들며 나아가 남성성과 여성성에 영향을 미친다. 이 장에서는 성 호르몬의 분비에 따라 결정되는 신체의 성과 마음의 성의 원리를 알아보자.

남녀의 차이는 성 호르몬이 결정한다

대다수의 호르몬은 성별을 가리지 않고 거의 비슷한 정도로 분비되고 같은 작용을 일으킨다. 하지만 성 호르몬은 성별에 따라 그 분비량과 작용이 다르다. 성 호르몬에는 크게 남성 호르몬과 여성 호르몬이 있다. 남녀에게 생기는 다소의 외모적, 내면적 차이는 성 호르몬의 분비량과 작용의 차이에서 기인한다.

주로 정소에서 분비되는 남성 호르몬은 남성성이 짙은 신체나 성질을 만들고, 주로 난소에서 분비되는 여성 호르몬은 여성성이 짙은 신체나 성질을 만든다. 남성에게서도 소량의 여성 호르몬이, 여성에게서도 소량의 남성 호르몬이 분비되지만 그 분비량과 작용의 차이가 남녀의 차이를 만든다.

평균적으로 남성은 여성보다 몸집이 커지고 근육질의 탄탄한 몸매를 지니며 수염이나 체모도 짙고 목소리의 변화도 크다. 여성은 남성보다 피하지방이 많고 피부도 깨끗하며 체구가 둥근 편이며 유방이 부풀어 오르고 엉덩이도 커진다. 그리고 배란이나 월경이 주기적으로 일어난다.

태아기에 분비되는 남성 호르몬의 양과 타이밍이 남녀의 신체적 차이와 내면적 차이를 만드는 데 매우 중요하다. 유전자적으로는 남성이어도 태아기의 적절한 시기에 충분한 남성 호르몬이 분비되지 않으면 신체가 여성화되거나 여성적인 뇌를 가진다.

♥ 성 호르몬의 역할

■ 성 호르몬의 역할

[남성 호르몬]

- 근육질의 탄탄한 몸매가 된다
- 수염이나 체모가 짙어진다. 겨드랑이 털과 음모가 자란다
- 머리카락이 자라는 것을 방해해서 남성이 대머리가 되기 쉽다
- 지질의 분비가 많아 기름지고 체취도 강하다
- 정자의 생성을 촉진한다
- 성욕이나 공격성을 높인다
- 남성성을 만든다

[여성 호르몬]

- 피하지방을 늘려 둥근 체구가 된다
- 유방을 키우고 월경, 임신, 출산과 관계가 있다
- 윤기 있고 매끄러운 피부가 된다
- 머리카락을 자라게 한다
- 건강과 수명에도 큰 영향을 미친다

구체적인 성 호르몬과 각각의 작용

성 호르몬에는 크게 남성 호르몬과 여성 호르몬이 있다. 성 호르몬을 생성 및 분비되는 장소에 따라 정리하면 다음과 같다.

♥ 성 호르몬과 각각의 작용

- ■ 시상하부
  - • 생식샘 자극 호르몬 방출 호르몬
    하수체에 작용해 황체 형성 호르몬과 난포 자극 호르몬의 방출을 촉진한다.

- ■ 하수체
  - • 난포 자극 호르몬
    여성의 난소에 작용해 난포(난자와 이를 감싸는 주머니 모양의 조직)의
    성장, 여성 호르몬의 분비를 촉진한다. 남성의 정소에 작용해 정자의
    생산과 남성 호르몬의 분비를 촉진한다.
  - • 황체 형성 호르몬(황체화 호르몬)
    여성의 난소에 작용해 난포를 성숙시키고 배란시킨다. 배란 후에는 황체
    (난포의 세포가 변화한 것)를 발달시켜 황체 호르몬(프로게스테론)의 분비
    를 촉진한다. 남성의 정소에 작용해 남성 호르몬의 분비를 촉진한다.
  - • 프로락틴
    유선 자극 호르몬 또는 황체 자극 호르몬이라고도 한다. 유선을 발달시켜
    모유 분비를 촉진한다.
  - • 옥시토신
    분만 시 자궁을 수축시킨다. 또 모유 분비를 촉진한다.

- ■ 부신 피질
  - • 디하이드로에피안드로스테론
    남녀 모두 분비되며 다른 남성 호르몬이나 여성 호르몬으로도 변환되는
    전구물질이기도 하다. 체모 등의 발육 촉진 등의 작용을 한다.

- 정소
  - 남성 호르몬(테스토스테론)
  근육질의 몸을 만든다. 정자의 생성을 촉진하다. 태아기의 성 분화에도 큰 영향을 미친다.

- 난소
  - 에스트로젠(난포 호르몬)
  유방을 발달시키는 등 여성스러운 신체를 만든다. 배란을 촉진하고 임신 준비를 시킨다. 신체 전체에도 작용해 생활 습관병 억제 등 건강을 유지하는 기능도 있다.
  - 프로게스테론(황체 호르몬)
  임신 준비를 시키고 임신 후에는 임신을 유지한다. 자궁 수축을 억제하고 유산을 방지한다. 기초 체온을 올리는 작용도 있다.

- 태반
  - 태반 호르몬(인간 융모성 고나도트로핀)
  프로게스테론의 분비를 촉진한다.
  - 태반에서는 에스트로젠과 프로게스테론도 분비된다.

여성 호르몬은
남성 호르몬으로부터 생성된다

남성 호르몬과 여성 호르몬은 모두 콜레스테롤을 원료로 생성되는 스테로이드 호르몬이다. 이들은 원료가 같을 뿐만 아니라 화학 구조 역시 매우 비슷하다. 콜레스테롤→ 남성 호르몬→ 여성 호르몬 순으로 합성되기 때문이다. 다음은 각 성 호르몬이 생성되는 과정이다.

💜 성 호르몬의 생성 과정

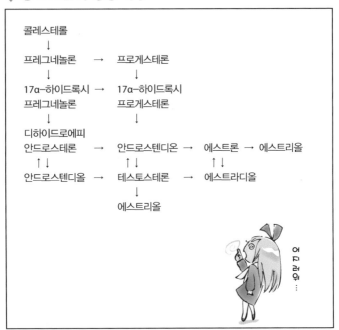

```
콜레스테롤
   ↓
프레그네놀론     →    프로게스테론
   ↓                    ↓
17α-하이드록시  →   17α-하이드록시
프레그네놀론          프로게스테론
   ↓                    ↓
디하이드로에피
안드로스테론    →   안드로스텐디온   →   에스트론  →  에스트리올
   ↑↓                 ↑↓                 ↑↓
안드로스텐디올  →   테스토스테론     →   에스트라디올
                        ↓
                     에스트리올
```

♥ 주요 남성 호르몬

◆ 프레그네놀론
프레그네놀론
성 호르몬 등 스테로이드 호르몬의 전구물질

◆ 프로게스테론
여성 호르몬 중 하나. 임신을 유지하는 작용을 한다.

◆ 17α-하이드록시 프레그네놀론
성 호르몬 생성 과정의 전구물질

◆ 17α-하이드록시 프로게스테론
성 호르몬 생성 과정의 전구물질

◆ 디하이드로에피안드로스테론
부신 피질에서 생성되는 남성 호르몬

◆ 안드로스텐디온
남성 호르몬의 일종

◆ 안드로스텐디올
남성 호르몬의 일종

◆ 테스토스테론
대표적인 남성 호르몬. 정소에서 생성 분비된다.
표적 기관에서는 더 강한 작용이 있는 디하이드로테스토스테론으로
변화해서 작용하는 경우가 많다.

◆ 에스트라디올
대표적인 여성 호르몬. 주로 난소에서 생성 분비된다.

◆ 에스트론
여성 호르몬의 일종. 주로 난소에서 생성 분비된다.

◆ 에스트리올
여성 호르몬의 일종. 주로 난소에서 생성 분비된다.

남성 호르몬은 정소에서 분비된다

남성 호르몬은 주로 남성의 정소에서 분비되지만, 일부는 남녀의 부신 피질에서도 분비된다. 또 여성의 난소에서도 소량의 남성 호르몬이 분비된다.

정소는 남성 사타구니에 매달리는 음낭 안에 좌우로 2개가 있다. 정소는 누에콩처럼 생겼으며 정자를 만드는 가늘고 긴 정세관과 그 상부에서 정자를 성숙시켜 저장해두는 정소상체(부고환)로 이루어져 있다. 남성 호르몬은 정관 사이에 위치해 간질 세포라고도 불리는 라이디히 세포에서 생성 및 분비된다.

남성 호르몬에는 테스토스테론, 디하이드로테스토스테론, 디하이드로에피안드로스테론 등이 있는데, 이들을 총칭해 안드로겐이라고 한다. 일반적으로 남성 호르몬이라고 하면 정소에서 생성 및 분비되는 주요 남성 호르몬인 테스토스테론을 지칭하는 경우가 많다. 부신 피질에서 분비되는 디하이드로에피안드로스테론으로 테스토스테론에 비해 남성 호르몬의 작용이 약하다.

정소에서 분비되어 혈액으로 들어가는 대부분의 테스토스테론은 단백질과 결합된 상태(단백결합형)이고, 아무것도 결합하지 않은 상태(유리형)인 테스토스테론은 2% 정도밖에 되지 않는다. 이 중 실제로 남성 호르몬으로 작용할 수 있는 테스토스테론은 유리형 테스토스테론과 단백질 결합형 테스토스테론의 약 40% 정도로 추측된다. 표적 기관에 도달한 테스토스테론의 상당수는 변환 효소로 더욱 강력한 남성 호르몬인 디하이드로테스토스테론으로 변화해 작용한다.

♥ 남성 호르몬의 생성 분비

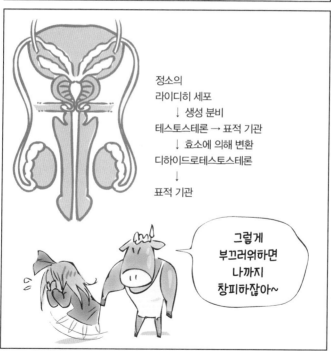

정소의
라이디히 세포
　↓ 생성 분비
테스토스테론 → 표적 기관
　↓ 효소에 의해 변환
디하이드로테스토스테론
　↓
표적 기관

남성 호르몬은 성별의 결정에 중요하다

성별이라고 하면 보통 신체적 성별을 가리키지만 인간의 성별을 이야기 할 때는 다음 세 가지 요소를 고려해야 한다. 그것은 '유전자적 성별', '신체적 성별', '성정체성(마음의 성)'이다. 유전자적 성별은 남성형 염색체(XY) 인지 여성형 염색체(XX)인지를 의미하고, 신체적 성별은 외성기와 내성기의 성별을 의미하며, 성정체성은 자신의 성별을 스스로 어떻게 의식하는지를 의미한다. 나아가 자신이 남성과 여성 중 어느 쪽을 좋아할지를 의미하는 '성적 지향(성적 욕망의 대상)'도 사람마다 다르다.

태아기부터 유아기에 걸쳐 분비되는 남성 호르몬의 양은 신체적 성별, 성성체성, 성적 지향의 확립에 중요한 역할을 한다. 적절한 시기에 적절한 양의 남성 호르몬이 분비되지 않으면 유전자적 성별과 신체적 성별에 차이가 생길 수 있다. 일정한 정해진 시기에 남성 호르몬이 대량 분비되는 것을 안드로겐 샤워라고 한다. 그리고 이러한 남성 호르몬의 분비로 인해 남성이 될지 여성이 될지가 결정되는 성 분화 시기를 임계기(감수기)라고 한다. 임계기 이외의 시기에는 아무리 남성 호르몬이 분비되더라도 성 분화에 영향을 주지 않으며 신체적 성 분화와 정체성적 성 분화는 각각 다른 임계기를 가진다.

♥ 남성 호르몬과 성별의 관계

[유전자적 성별]
남성형 염색체(XY)인지
여성형 염색체(XX)인지

[신체의 성별]
외모상 성별
내성기와 외성기의 성별

♂ ♀

[성정체성]
자신이 의식하고 있는 성별

나는 틀림없는
여자아이…

[성적 지향]
좋아하는 대상의 성별

남성 호르몬이 중요하다

↓ 임계기의 안드로겐 샤워

↓
신체와 마음의 성 분화
(각각의 임계기는 다르다)

유전자적인 성별이 결정되는 구조

　유전자적 성별은 정자와 난자가 수정되었을 때 염색체의 조합에 의해 결정된다. 염색체는 유전자 집합체를 의미하며 인간은 아버지로부터 물려받은 23개의 염색체와, 어머니로부터 물려받은 23개의 염색체를 합쳐 46개의 염색체를 가진다. 46개의 염색체 중 성별의 결정과 관계가 있는 2개를 성염색체라고 하며, 성염색체에는 X염색체와 Y염색체 두 종류가 있다. 난자는 X염색체밖에 없지만, 정자는 각각 X염색체와 Y염색체를 가진 정자로 나뉜다. X염색체를 가진 정자가 난자와 수정되면 XX가 되어 여성이 된다. 반대로 Y염색체를 가진 정자가 난자와 수정되면 XY가 되어 남성이 된다. 이는 Y염색체 상에 남성으로 분화하기 위해 필요한 성결정유전자(SRY)가 있기 때문이다.

　인간을 비롯한 포유류는 여성(암컷)의 신체가 기본이 되어 성 분화가 일어난다. 성염색체의 조합이 XY라면 Y염색체 위에 있는 성결정유전자가 작용해서 정소가 만들어지고 정소에서 남성 호르몬이 분비되어 남성이 된다. 반면 성염색체의 조합이 XX이면 정소가 만들어지지 않기 때문에 남성 호르몬도 분비되지 않아 여성이 된다.

♥ 유전자적인 성별을 결정되는 구조

인간을 비롯한
포유류는 2종류의
성염색체의 조합으로
성별이 결정되지

난자 → X염색체만

정자 → X염색체와 Y염색체

⇒ X염색체(난자) + Y염색체(정자) = 남자(XY)

⇒ X염색체(난자) + X염색체(정자) = 여자(XX)
↓
Y염색체에는 성결정유전자가 있다

사랑에 빠지면...
여자로 태어나서
다행이라고 생각하는 걸

발그대요

앨리스는
여자로 태어나서
다행이라고
생각해?

물론이지!

성별은 남성 호르몬으로 결정된다

유전자적 성별은 X와 Y, 두 가지 성염색체의 조합으로 결정된다. XY면 남성, XX면 여성이 된다. 하지만 수정한 태아도 수정 후 6주 차 정도까지는 성별이 없고 남녀 어느 쪽도 될 수 있다. 이 무렵까지 모든 태아는 정소나 난소의 근원이 되는 생식선이나 내성기의 근원이 되는 성관(性管)을 가지게 된다. 남성의 내성기가 되는 성관을 볼프관, 여성의 내성기가 되는 성관을 뮐러관이라 하며 성염색체와 상관없이 모든 태아에게 만들어진다.

7주 차 이후에는 Y염색체 상의 성결정유전자가 활동을 시작해 정소를 만들고 정소에서는 남성 호르몬이 분비된다. 그 결과, 뮐러관은 소실되고 볼프관이 발달해 남성의 생식기가 만들어진다. XX의 경우 Y염색체가 없어 정소가 만들어지지 않기 때문에 남성 호르몬도 분비되지 않는다. 남성 호르몬이 분비되지 않은 결과, 볼프관이 소실되고 뮐러관이 발달해 여성 생식기가 만들어진다.

이처럼 내성기나 외성기의 성 분화에 중요한 작용을 하는 것이 바로 남성 호르몬이다. Y염색체가 있다고 해서 무조건 남성이 된다고는 할 수 없다. Y염색체는 인간을 남성으로 만들기 위한 최초의 스위치에 불과하기 때문이다. 정소가 만들어지고 적절한 시기에 적절한 양의 남성 호르몬이 분비되지 않으면 여성이 된다.

♥ 성별을 결정하는 남성 호르몬

수정란은 남녀 모두로 분화될 가능성이 있다

↓

인간은 여성이 기본적인 성이다

Y염색체가 있다	Y염색체가 없다
↓	↓
정소가 만들어진다	정소가 만들어지지 않는다
↓	↓
남성 호르몬이 분비된다	남성 호르몬이 분비되지 않는다
↓	↓
남성의 생식기가 만들어진다	여성의 생식기가 만들어진다

↓

남성 호르몬이 분비되면 남성이,
남성 호르몬이 분비되지 않으면 기본 성(性)인 여성이 된다

내성기를 만드는 호르몬

남성 호르몬은 성별의 분화에서 중요한 역할을 한다. 구체적으로 어떤 호르몬이 관련되어 있는지를 알아보자.

남성의 내성기가 만들어지는데 필요한 남성 호르몬은 항뮐러관 호르몬(뮐러관 억제인자)과 테스토스테론이다. 정소 내의 정세관 안에 있는 셀트리 세포에서 분비되는 항뮐러관 호르몬은 여성의 내성기가 되는 뮐러관의 발달을 억제해 소실시키고, 라이디히 세포에서 분비되는 테스토스테론은 남성의 내성기가 되는 볼프관을 발달시킨다. 이 두 가지 남성 호르몬으로 인해 남성의 내성기(정소상체, 정관, 정낭, 사정관)가 만들어진다. 정세관은 코일 모양의 가늘고 긴 관으로 이곳에서 정자가 만들어진다.

Y염색체가 없으면 정소가 만들어지지 않기 때문에 이 두 가지 남성 호르몬은 분비되지 않는다. 항뮐러관 호르몬이 분비되지 않으므로 여성의 내성기가 되는 뮐러관이 발달해 여성의 내성기(난관, 자궁, 질의 위쪽 3분의 1)가 되고, 테스토스테론이 분비되지 않기 때문에 남성의 내성기가 되는 볼프관이 발달하지 않아 소실된다.

♥ 내성기를 만드는 호르몬

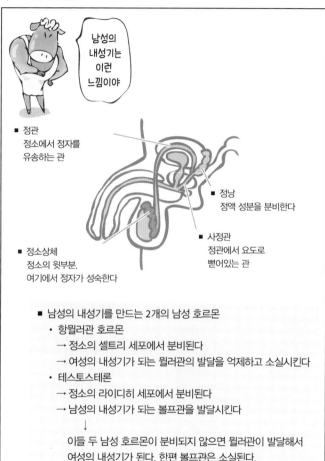

남성의 내성기는 이런 느낌이야

- 정관
  정소에서 정자를 유송하는 관

- 정낭
  정액 성분을 분비한다

- 사정관
  정관에서 요도로 뻗어있는 관

- 정소상체
  정소의 윗부분.
  여기에서 정자가 성숙한다

- 남성의 내성기를 만드는 2개의 남성 호르몬
  - 항뮐러관 호르몬
    → 정소의 셀트리 세포에서 분비된다
    → 여성의 내성기가 되는 뮐러관의 발달을 억제하고 소실시킨다
  - 테스토스테론
    → 정소의 라이디히 세포에서 분비된다
    → 남성의 내성기가 되는 볼프관을 발달시킨다
          ↓
    이들 두 남성 호르몬이 분비되지 않으면 뮐러관이 발달해서
    여성의 내성기가 된다. 한편 볼프관은 소실된다.

외성기를 만드는 호르몬

남성의 외성기가 만들어지는 과정에서도 테스토스테론이 필요하다. 태아의 외성기도 처음에는 여성의 성기에 가깝게 생겼다. 그래서 Y염색체가 없어서 정소가 만들어지지 않으면 테스토스테론이 분비되지 않기 때문에 외성기도 여성화된다. 테스토스테론은 외성기가 되는 세포 내에서 더 강한 남성 호르몬의 작용을 하는 디하이드로테스토스테론으로 변환된다. 이 디하이드로테스토스테론의 작용으로 인해 남성의 외성기가 만들어진다. 여성의 클리토리스(음핵)나 소음순이 되는 부분이 요도를 둘러싸도록 성장해서 페니스(음경)가 된다. 대음순은 내려가서 주머니 모양의 음낭으로 변화해 간다. 소음순이나 대음순이 페니스나 음낭으로 변화해 봉합된 흔적은 페니스 아래쪽에서 음낭에 걸쳐 꿰맨 듯한 흔적으로 남아 있다. 정소는 태아의 복부 내에 위치하다가 26주차쯤 지나면 음낭 내부로 하강한다. 정소의 하강에도 테스토스테론이 관련 있는 것으로 추측된다. 가끔 정소가 음낭 내로 하강하지 않은 채 태어나는 남자아이도 있다. 이를 정류 정소(정류 고환)라고 한다. 대개는 1년 정도면 하강하는데 그렇지 않으면 정상적인 정자가 만들어지지 않아서 불임의 원인이 될 수 있다. 정소는 체온보다 조금 낮은 온도 환경이 아니면 정자를 잘 만들 수 없기 때문이다.

🖤 외성기를 만드는 호르몬

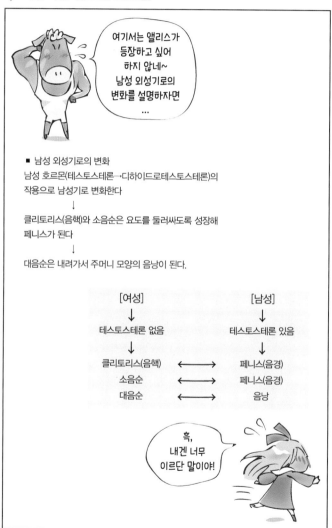

여기서는 앨리스가
등장하고 싶어
하지 않네~
남성 외성기로의
변화를 설명하자면
...

■ 남성 외성기로의 변화
남성 호르몬(테스토스테론→디하이드로테스토스테론)의
작용으로 남성기로 변화한다
↓
클리토리스(음핵)와 소음순은 요도를 둘러싸도록 성장해
페니스가 된다
↓
대음순은 내려가서 주머니 모양의 음낭이 된다.

[여성]		[남성]
↓		↓
테스토스테론 없음		테스토스테론 있음
↓		↓
클리토리스(음핵)	←——→	페니스(음경)
소음순	←——→	페니스(음경)
대음순	←——→	음낭

흑,
내겐 너무
이르단 말이야!

성별이 애매한 인터섹스

　남성 호르몬은 신체의 성별 분화에 중요한 역할을 한다. 유전자적으로는 남성이라도 임계기에 남성 호르몬이 충분히 분비되지 않으면 여성의 특징을 갖추거나, 남녀의 특징을 동시에 갖추기도 한다. 이처럼 애매한 성별을 가진 사람을 인터섹스(인터섹슈얼)라고 한다. 남성이라고도 여성이라고도 말할 수 없는 중간의 성(간성)이라는 뜻이다. 인터섹스는 크게 반음양과 성염색체 이상으로 분류할 수 있다.

　반음양이란 유전자적 성별과 생식샘(정소, 난소)의 성별은 일치하지만, 생식샘과 내성기, 외성기의 성별이 일치하지 않는 경우를 말한다. 가령 유전자적 성별은 남성으로 정소가 있지만 내성기나 외성기가 여성형이 되는 경우가 있다.

　성염색체 이상이란 성염색체 수의 이상, 유전자 결여 등을 말한다. 1개의 X염색체만을 가진 터너증후군이나 X염색체가 1개 많은 XXY의 클라인펠터증후군 같은 경우다. 터너증후군은 X염색체가 하나여도 여성이 되지만 키가 작거나 난소의 기능부전 등이 생기는 경우가 많다. 성염색체가 XXY인 클라인펠터증후군은 Y염색체가 있어서 남성이 되지만 정소나 외성기의 발육이 좋지 않은 경우도 많다.

　그리고 그 외의 성염색체 이상으로는 XY여도 Y염색체에 성결정유전자가 없는 경우나 남성(XY)인데 신체 일부분의 성염색체만 XXY라는 식으로 군데군데 성염색체가 다른 것들과 다른 모자이크 같은 경우가 있다.

♥ 인터섹스란?

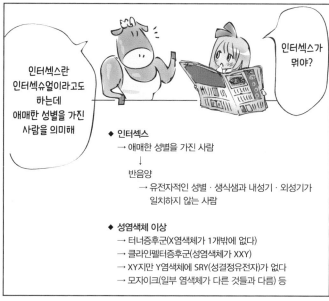

인터섹스란 인터섹슈얼이라고도 하는데 애매한 성별을 가진 사람을 의미해

인터섹스가 뭐야?

◆ 인터섹스
→ 애매한 성별을 가진 사람
↓
반음양
→ 유전자적인 성별 · 생식샘과 내성기 · 외성기가 일치하지 않는 사람

◆ 성염색체 이상
→ 터너증후군(X염색체가 1개밖에 없다)
→ 클라인펠터증후군(성염색체가 XXY)
→ XY지만 Y염색체에 SRY(성결정유전자)가 없다
→ 모자이크(일부 염색체가 다른 것들과 다름) 등

인간의 성은 생각보다 복잡하기 때문에 외관만으로는 성별을 판단해서는 안 돼!

네~

반음양이 되는 이유는?

유전자적 성별과 신체의 성별이 일치하지 않는 것을 반음양이라고 한다. 반음양은 생식샘(정소, 난소) 중 어느 쪽을 가지고 있느냐에 따라 남성 가성반음양, 여성 가성반음양, 진성반음양으로 분류된다. 남성 가성반음양이란 유전자적 성별은 남성으로 정소가 있는데 내성기나 외성기가 여성형이 되는 경우다. 여성 가성반음양은 유전자적 성별은 여성이고 난소가 있고 내성기는 여성형인데 외성기가 남성화하는 경우다. 진성반음양은 유전자적 성별과 관계없이 정소와 난소가 모두 있는 것을 말하며 남성 호르몬의 분비 정도에 따라 내성기나 외성기의 남성화, 여성화 경향이 다르다. 진성반음양의 유전자적 성별은 성염색체가 XX인 경우가 60%, XY가 30%, 모자이크가 10% 정도로 알려져 있다. 성결정유전자가 X염색체에 존재하면 성염색체가 XX라도 정소가 생기게 된다.

반음양이 되는 원인은 여러 가지지만 대부분 남성 호르몬과 관련되어 있다. 남성 호르몬의 이상으로 인해 반음양이 되는 경우에는 다음과 같은 가능성이 있다. 성 분화 임계기에 남성 호르몬(안드로젠)이 적절하게 작용하지 않는 경우와 반대로 남성 호르몬이 평소보다 많이 작용해버리는 경우다. 인간의 신체는 여성이 기본이며 내성기나 외성기의 성 분화, 정체성적 성 분화의 임계기는 각각 다르다. 유전자적 성별이 남성일지라도 각각의 성 분화에 있어서 임계기에 적절한 양의 남성 호르몬이 분비되지 않거나 남성 호르몬이 작용하지 않으면 정상적으로 성이 분화되지 않는다. 유전자적 성별은 여성인데 남성 호르몬이 더 많이 분비되면 외성기가 남성화된다.

♥ 반음양이 되는 이유는?

- 남성 가성반음양
  - → 유전자적 성별은 남성으로 정소가 있으나 내성기, 외성기는 여성
- 여성 가성반음양
  - → 유전자적 성별, 난소, 내성기는 여성이지만 외성기는 남성
- 진성반음양
  - → 정소와 난소가 모두 있으며 내성기, 외성기의 성 분화는 다양하다.

◆ 성 분화 임계기에 남성 호르몬이 적절히 작용하지 않는다
  → 남성 가성반음양이 된다
- 안드로겐 불응증(정소성 여성화 증후군)
  - → 안드로겐의 작용이 없거나 불충분하다
- 환원효소 결손증
  - → 남성 호르몬의 기능을 강화하는 작용이 없거나 불충분하다

◆ 성 분화 임계기에 남성 호르몬이 평소보다 많이 작용한다
  → 여성 가성반음양이 된다
- 선천성 부신 과형성증(부신 성기 증후군)
  - → 부신 피질에서 분비되는 남성 호르몬이 많아져 유전자적으로 여성이지만 남성화한다

안드로겐 불응 증후군 (정소성 여성화 증후군)이란?

남성 가성반음양의 원인 중 하나는 안드로겐 불응 증후군(정소성 여성화 증후군)으로 돌연변이로 인해 안드로겐의 수용체에 이상이 생겨 정소에서 남성 호르몬이 분비되어도 제대로 작용하지 못하는 것을 이른다. 호르몬에는 각각 전용 수용체가 있고 그 수용체와 결합해서 정상적으로 작용하는데 해당 호르몬의 수용체가 없거나 개수가 적으면 호르몬이 정상적으로 작용할 수 없게 된다. 남성 호르몬의 수용체가 없는 것을 완전형 안드로겐 불응 증후군(완전형 정소성 여성화 증후군), 작용의 정도가 낮은 것을 부분형 안드로겐 불응증(불완전형 정소성 여성화 증후군)이라고 한다.

완전형 안드로겐 불응 증후군에서는 정소가 만들어지고 정소에서 남성 호르몬이 충분히 분비되더라도 작용하지 않기 때문에 신체 및 외성기가 여성이 된다. 하지만 난소나 여성형 내성기는 없고 짧은 질만 형성된다. 정소에서도 소량이지만 여성 호르몬을 분비하고, 여성 호르몬은 남성 호르몬을 변환해서 만들어지기 때문에 난소가 없지만 여성의 외성기를 가지게 된다. 정소는 체내에 위치해 정자가 만들어지지 않는다. 그리고 남성 호르몬 작용이 없어서 여성적 성정체성을 가지게 된다. 외모나 외성기, 성정체성이 여성이기 때문에 결혼한 사람도 많지만 아이를 낳을 수는 없다. 월경이 없어서 병원에서 검사했다가 완전형 안드로겐 불응 증후군이라는 사실을 알게 된 경우도 많다고 한다.

부분형 안드로겐 불응 증후군은 안드로겐의 작용이 부분적으로 없거나 작용의 정도가 낮은 것이다. 그래서 남성 호르몬의 작용 정도에 따라 내성기나 외성기, 성정체성의 경향이 달라진다.

♥ 안드로겐 불응 증후군(정소성 여성화 증후군)이란?

- ■ 안드로겐 불응 증후군(정소성 여성화 증후군)
- ◆ 완전형 안드로겐 불응 증후군(완전형 정소성 여성화 증후군)
  - • 안드로겐 수용체의 이상으로 남성 호르몬이 작용하지 않는다
  - • 유전자적으로는 남성이지만 외성기, 외모, 성정체성은 여성
    - → 난소, 자궁은 없고 짧은 질만 있다
    - → 정소는 체내에 위치해 정자는 만들지 않는다
    - → 여성형의 이차 성징은 있지만 월경은 일어나지 않는다
    - → 남성과 성관계를 가지고 결혼도 하지만 아이는 가질 수 없다

- ◆ 부분형 안드로겐 불응 증후군(불완전형 정소성 여성화 증후군)
    - → 안드로겐의 작용이 부분적으로 없거나 작용의 정도가 낮다
    - → 남성 호르몬의 작용 정도에 따라 내성기와 외성기가 다양한 정도로 여성화된다
    - → 외성기가 여성화되지 않아도 무정자증인 경우가 많다

성정체성과 성적 지향이란?

뇌과학의 발달로 뇌에도 성별에 따른 차이가 있다는 사실이 알려졌다. 뇌의 성별은 자신을 남녀 중 어느 쪽으로 느끼는가 하는 성정체성이나 남녀 중 어느 쪽을 좋아하느냐는 성적 지향에 큰 영향을 미친다. 대부분의 경우 유전자적, 신체적 성별과 성정체성은 같다. 하지만 신체의 성별과 자신이 의식하는 마음의 성별이 다를 수 있다. 이러한 사람을 트랜스젠더라고 부르기도 한다. 그리고 신체의 성별과 마음의 성별이 일치하지 않아서 고통을 느끼는 것을 성 동일성 장애라고 한다.

성적 지향 또한 사람마다 다양하다. 신체의 성별과 다른 성별을 좋아하는 것을 이성애(헤테로섹슈얼), 신체의 성별과 같은 성별을 좋아하는 것을 동성애(호모섹슈얼), 좋아하는 대상의 성별에 구애받지 않는 것을 양성애(바이섹슈얼)라고 한다. 동성애 중에서도 남성 간 동성애자를 게이, 여성 간 동성애자를 레즈비언이라고 부른다. 덧붙여 '남자답다', '여자답다'라고 표현되는, 이른바 사회적 · 문화적인 남녀의 성은 젠더라고 한다.

신체의 성, 성정체성, 성적 지향, 젠더가 반드시 일치하지는 않기 때문에 성별은 두 가지로 딱 떨어져 분류되지 않는다. 검은색과 흰색 사이에 다양한 회색이 있듯이 남성과 여성 사이에도 다양한 남녀가 존재한다.

♥ 성정체성과 성적 지향, 젠더

■ 성정체성과 성적 지향
[성정체성] → 자신이 의식하고 있는 성별
트랜스젠더
　　→ 신체의 성별과 성정체성이 다른 사람
성 동일성 장애
　　→ 신체의 성별과 성정체성의 차이로 고통을 느끼는 것

[성적 지향(성적 욕망의 대상)]→좋아하는 대상의 성별
이성애 (헤테로섹슈얼)
　　→ 신체의 성별과 다른 성별을 좋아한다
동성애 (호모섹슈얼)
　　→ 신체의 성별과 같은 성별을 좋아한다
　　　　게이 → 남성끼리의 동성애자
　　　　레즈비언 → 여성끼리의 동성애자
양성애 (바이섹슈얼)
　　→ 성별에 구애받지 않는다

　　■ 젠더
　　　젠더 → 남성다움이나 여성다움과 같은
　　　　　　사회적 · 문화적인 성별
　　　　　　　　↓
　　　　　신체의 성, 성정체성, 성적 지향, 젠더가
　　　　　반드시 일치한다고는 할 수 없다!

그래서 제대로 이해할 필요가 있지

뇌에도 성별에 따른 차이가 있고, 성별도 남성과 여성으로만 나뉘진 않는 구나

뇌의 성별도 호르몬이 정한다?

　뇌의 성별 확립 역시 남성 호르몬과 관련되어 있다. 태아의 뇌도 여성의 뇌가 기본이다. 그래서 뇌가 성 분화하는 임계기에 남성 호르몬을 일정량 받는 안드로겐 샤워가 있으면 남성의 뇌가 되고, 남성 호르몬의 영향을 받지 않으면 그대로 여성의 뇌가 된다. 인간 태아의 뇌를 남성화시키는 임계기가 언제인지는 정확히 알려지지 않았지만 임신 8주차부터 24주 차(피크는 12주차부터 16주차 정도)에 걸쳐 남성 태아에서 대량의 남성 호르몬이 분비되기 때문에 이 시기 사이일 것으로 추측된다. 또 생후 약 4개월경에도 남성 영유아의 남성 호르몬 분비가 높아지는 시기가 있어서 해당 시기의 영향일 가능성도 있다. 이런 사실이 밝혀지기 전까지 인간은 출생 후 양육 방식이나 환경 등에 따라 뇌의 성별이 확립된다고 여겼다. 하지만 여러 사례를 통해 그렇지 않다는 사실이 밝혀졌다. 가끔 유전자적으로도 남성이고 태아기에 안드로겐 샤워를 했는데도 남성기가 제대로 육성되지 않은 채 태어나는 남아가 있다. 이런 남아는 남성기 대신 질이 만들어져 여성으로 자라기도 한다. 하지만 이런 남아가 아무리 여성으로 자라더라도 자신이 남성이라는 의식을 가지는 경우가 많았다. 이로 미루어 보아 뇌의 성별을 결정하는 가장 중요한 요인은 태아기에 받는 남성 호르몬이다.

♥ 뇌의 성별과 호르몬의 관계

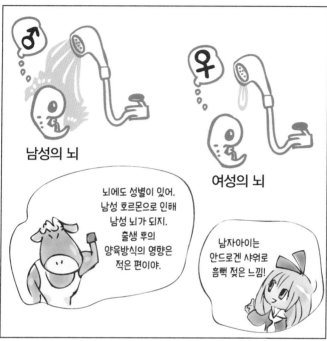

남성의 뇌

여성의 뇌

뇌에도 성별이 있어.
남성 호르몬으로 인해
남성 뇌가 되지.
출생 후의
양육방식의 영향은
적은 편이야.

남자아이는
안드로겐 샤워로
흠뻑 젖은 느낌!

전차나 비행기
장난감을
아주 좋아하지만
여자아이야

도카야

귀엽
네

양육방식으로
성정체성을
바꾸는 건
어려운 일이야

뿌뿌

신체의 성과 성정체성이 일치하지 않는 이유는?

신체의 성별과 성정체성이 반드시 일치한다고는 할 수 없다. 신체적으로는 남성인데 여성적인 뇌를 가진 사람이나 반대로 신체적으로는 여성인데 남성적인 뇌를 가진 사람도 있다. 이런 사람들을 트랜스젠더라고 부른다. 그중에서도 신체의 성별과 성정체성이 일치하지 않아서 위화감이나 고통을 느끼는 것을 성 동일성 장애라고 한다.

성정체성이 어떻게 결정되는지는 아직 완전히 밝혀지지 않았지만 태아기 남성 호르몬의 영향이 강한 것으로 보인다. 신체의 성 분화와 성정체성 분화 임계기는 다르기 때문에 남성 호르몬이 분비되었다 하더라도 그 시기가 임계기와 어긋나거나 제대로 작용하지 않으면 신체의 성 분화와 성정체성 분화가 일치하지 않을 수 있다.

유전자적으로 남성이고 신체 성 분화 임계기에 충분한 양의 남성 호르몬을 받아 남성적 신체를 가져도 어떠한 원인에 의해 성정체성 분화 임계기에 충분한 양의 남성 호르몬을 받지 않거나 남성 호르몬이 작용하지 않으면 신체는 남성이고 성정체성은 여성이 될 가능성이 있다. 반대로 유전자적으로 여성이고 신체 성 분화 임계기에 남성 호르몬 분비가 없어서 여성적 신체를 가져도 어떤 원인에 의해 성정체성 분화 임계기에 남성 호르몬 분비량이 늘면 신체는 여성이고 성정체성은 남성이 될 수 있다.

♥ 신체의 성과 성정체성이 일치하지 않는 이유

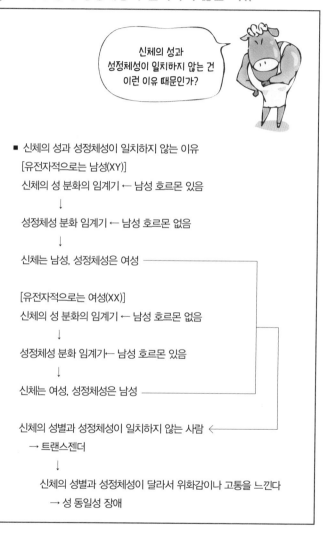

신체의 성과
성정체성이 일치하지 않는 건
이런 이유 때문인가?

■ 신체의 성과 성정체성이 일치하지 않는 이유

[유전자적으로는 남성(XY)]

신체의 성 분화의 임계기 ← 남성 호르몬 있음

↓

성정체성 분화 임계기 ← 남성 호르몬 없음

↓

신체는 남성, 성정체성은 여성

[유전자적으로는 여성(XX)]

신체의 성 분화의 임계기 ← 남성 호르몬 없음

↓

성정체성 분화 임계기← 남성 호르몬 있음

↓

신체는 여성, 성정체성은 남성

신체의 성별과 성정체성이 일치하지 않는 사람

→ 트랜스젠더

↓

신체의 성별과 성정체성이 달라서 위화감이나 고통을 느낀다

→ 성 동일성 장애

트랜스젠더와 남성 호르몬의 관계

트랜스젠더란 신체의 성별과 성정체성이 불일치하는 것이다. 성정체성 분화 임계기에 받는 남성 호르몬의 작용 정도 따라 신체의 성별과 성정체성 사이에 차이가 생기기 때문이다. 남성 호르몬 작용에 이상이 발생하는 구체적인 원인으로는 앞서 언급한 안드로겐 불응 증후군과 환원효소 결손증, 선천성 부신 과형성증 등이 있다.

남성 호르몬 작용이 전혀 없는 완전형 안드로겐 불응 증후군의 경우, 유전자적 남성은 완전한 여성형이 되어 신체와 성정체성 간의 차이는 생기지 않는다.

부분형 안드로겐 불응 증후군의 경우, 유전자적 남성의 외성기나 성정체성은 각각의 성 분화 임계기에 남성 호르몬의 작용 정도에 따라 여성화 경향이 결정된다. 양쪽의 여성화 경향이 어느 정도 일치하면 어긋남은 생기지 않지만 일치하지 않으면 신체와 성정체성 사이에 차이가 생긴다. 유전자적으로는 여성이지만 남성 호르몬의 분비량이 비정상적으로 높은 선천성 부신 과형성증도 남성화 경향에 따라 신체와 성정체성 사이에 차이가 생길 수 있다.

♥ 트랜스젠더가 되는 구체적인 사례

신체의 성별과 성정체성이 일치하지 않는 트랜스젠더가 되는 이유

↓

- 신체의 성 분화와 성정체성 분화 임계기에서의
  남성 호르몬의 작용 정도의 차이

- 부분형 안드로겐 불응 증후군 유전자적 남성 등

자신의
신체까지는
컨트롤할 수
없으니까

이런 이유로
트랜스젠더가 되지.
호르몬의 효과에 따라
달라지는 거니
이해해줘야 해

동성애의 원인은?

동성애자가 되는 이유는 아직 확실하게 알려지지 않았다. 하지만 인간의 성적 지향 또한 태아기 남성 호르몬과 관련된 것으로 보인다. 성정체성 또는 성적 지향을 결정하는 임계기에 남성 호르몬의 작용 정도가 남성은 평소보다 낮을 때, 여성은 높을 때 동성애 성향이 강해지는 것으로 추측된다.

임신 중인 엄마가 극도의 스트레스를 받으면 태아에게서 분비되는 남성 호르몬의 균형이 깨져서 태아의 성정체성과 성적 지향에 영향을 미쳐 동성애자가 될 수도 있다. 이는 동물실험에서도 확인되었다. 임신 중인 암컷이 스트레스를 받으면 태아의 부신에서 분비되는 남성 호르몬 양이 증가한다. 암컷 태아는 남성 호르몬 양이 증가하게 되고 수컷 태아에서는 정소가 아닌 부신에서 남성 호르몬이 분비되어 결과적으로는 남성 호르몬양이 감소하게 되는 것이다. 남성 호르몬의 분비량이 높은 선천성 부신 과형성증의 여성도 남성 호르몬의 작용이 강한 사람일수록 동성애 성향도 강해지는 것으로 나타났다.

또 임신 중인 어머니가 섭취한 유산방지제 때문에 태어난 여아의 동성애적 경향이 강해진 사례도 있다. 이는 유산방지제가 남성 호르몬과 같은 작용을 해서 성적 지향에 영향을 준 것으로 추정된다. 이 밖에도 남성 동성애자 쌍둥이 등의 연구에서 동성애자가 되는 유전자가 있는 것으로 추정되는 사례도 보고되었지만, 아직 게이 유전자가 존재한다는 확증은 얻지 못했다.

♥ 동성애자가 되는 이유

태아가 받는 남성 호르몬과 관련이 있다
- 임신 중인 어머니가 받은 스트레스의 영향
- 임신 중인 어머니가 먹은 약 등의 영향

남성 호르몬이   남성 호르몬이
많은 여아   적은 남아

동성애 성향이 강해진다

성적 지향은 사춘기 때 결정될 거라고 생각했는데 그렇지 않을 수도 있구나

태아가 받는 남성 호르몬이 성적 지향과 관계되어 있을 가능성도 있지

NO! discrimination

남성 호르몬이 영향을 미치는 능력의 차이

뇌의 성별 분화에 태아기의 남성 호르몬이 중요한 역할을 한다. 태아기 중 적절한 시기에 남성 호르몬을 받으면 남성의 뇌가 되고 그렇지 않으면 여성의 뇌가 된다. 그 결과, 남녀의 뇌에는 다소 차이가 생긴다. 유아기 남녀의 놀이 방법이나 유아기에 그리는 그림에는 다소 차이가 있다. 그리고 이 차이는 태아기에 받은 남성 호르몬의 영향에서 비롯된다.

대개의 남자아이들은 로봇이나 놀이기구, 총과 검, 공을 이용한 스포츠 등을 하며 노는 것을 좋아하고 여자아이들은 소꿉놀이나 인형, 봉제 인형 등을 이용한 놀이나 그림 그리기를 좋아한다. 또 남자아이는 자동차나 비행기 등의 놀이기구를 많이 그리며 사용하는 색이 적은 편이고 파랑이나 회색 등의 차가운 색을 사용하는 경우가 많다. 여자아이는 인물이나 집, 꽃, 애완동물 등을 많이 그리며 사용하는 색이 많은 편이고 빨강이나 핑크, 오렌지, 노랑 등의 따뜻한 색을 사용하는 경우가 많다.

성인 남녀 간에도 평균적으로 차이가 있다고 보인다. 남성은 지도를 읽는 능력이나 머릿속에서 입체를 회전시켰을 때 어떻게 될지 생각하는 공간인지 능력, 사물의 구조 등을 이해하는 시스템화 능력이 높고, 여성은 언어 능력이나 상대방에게 공감하는 능력이 높다. 이들 중 시스템화 능력과 공감 능력은 태아기 남성 호르몬과 관계가 있는 것으로 보인다.

💜 남성 호르몬이 영향을 미치는 남녀의 능력 차이

◆ 유아기 놀이나 그림의 차이

[남아]

- 로봇, 탈것, 총, 검, 공놀이 등을
  좋아한다
- 탈것을 그리는 경우가 많다
- 그림에 사용하는 색깔 수가 적고
  청색이나 회색 등 차가운 색을
  많이 사용한다

[여아]

- 소꿉놀이, 인형 놀이나 그림 그리는 것을 좋아한다
- 인물, 집, 꽃, 애완동물 등의 그림이 많다
- 그림에 사용하는 색깔 수가 많고
  빨강, 주황, 노랑 등 따뜻한 색을
  많이 사용한다

◆ 성인남녀의 평균적인 능력 차이
  남성 → 공간 인지 능력이나 시스템화 능력이 높다
  여성 → 언어 능력이나 공감 능력이 뛰어나다

다음 교차점에서
오른쪽으로 꺾어서
5분 정도 걸으면
도착이야

금방이네!
케이크가
녹기 전에
도착할 수
있겠다

제5장

남성 호르몬과 갱년기 장애

40~50대가 되면 갱년기 장애를 신경 쓰게 된다. 최근 들어 남성 갱년기 장애가 우울증이나 발기부전(ED) 등과 깊이 관련되어 있다는 사실이 밝혀졌다. 이번 장에서는 남성 호르몬과 남성 호르몬을 증가시키는 방법에 대해 알아보자.

남성에게도 갱년기가 있다?

갱년기는 여성의 문제라고 생각하기 쉽지만, 남성에게도 갱년기가 있고 갱년기 특유의 증상이 나타나기도 한다. 50세 전후의 여성은 완경을 겪으며 여성 호르몬의 분비량이 급격히 떨어진다. 이때 호르몬의 균형이 깨지고 신체에 여러 증상이 나타나는 것이 바로 갱년기다. 이에 비해 남성은 여성만큼 남성 호르몬의 분비량이 급격히 떨어지는 경우가 적어 뚜렷한 증상이 나타나지 않는 사람이 많았다. 하지만 최근 들어 스트레스 등으로 인해 남성 호르몬의 분비량이 급격히 떨어지는 4-50대의 남성이 늘어나서 여성 갱년기와 비슷한 증상을 보이는 사람이 증가하고 있다.

남성 호르몬의 분비량은 태아기와 생후 얼마 되지 않은 시기, 그리고 10대 후반에서 20대 사이인 사춘기에 늘어난다. 이후 30대 무렵부터 나이가 들면서 분비량이 감소한다. 남성 호르몬의 분비량은 개인차도 커서 중장년이 되어도 젊었을 때와 같은 수준의 분비량을 유지하는 사람도 있다. 이렇듯 보통 남성 호르몬 분비량은 완만하게 감소하기 때문에 눈에 띄는 증상을 보이는 경우가 드물지만 분비량이 줄어들면 갱년기 증상이 나타나게 된다. 40대 이후 원인불명의 권태감이나 피로감, 의욕 감퇴, 집중력 저하 같은 몸 상태가 지속된다면 우울증과 함께 남성 갱년기 장애를 의심해봐야 한다.

♠ 남성에게도 갱년기가 있다

있지, 여성만큼 두드러지지는 않지만

남자도 갱년기가 있어?

■ 남성에게도 갱년기가 있다

◆ 보통 남성 호르몬의 분비량은
40대 이후에도 완만하게 감소한다
↓
눈에 띄는 증상은 보이지 않는다

◆ 남성 갱년기
남성 호르몬의 분비량이 40대 이후
급격히 저하 ← 스트레스 등의 요인
↓
갱년기 장애가 나타난다
(원인불명의 권태감,
피로감, 의욕 감퇴 등)

피로

피로

피로

나는 근육을 단련하고 있어서 남성 호르몬이 줄지 않는다고!

몸을 키워서 나쁠 건 없구나!

남성 갱년기 장애의 증상은?

남성도 40~50대에 남성 호르몬의 분비량이 줄어들면서 여성 갱년기와 비슷한 증상이 나타날 수 있다. 이러한 남성 갱년기 장애를 의학적으로는 생식샘 기능 저하증이라고 하며 중장년 이후에 남성 호르몬의 분비량이 저하되는 것을 노인남성 생식샘 기능 저하증후군(LOH 증후군)이라고 한다.

남성 갱년기 장애의 구체적인 증상은 권태감, 피로감, 근육통, 두통, 어지러움, 화끈거림, 발한, 빈뇨, 의욕 감퇴, 우울증, 집중력 저하, 기억력 저하, 불안, 짜증, 수면장애, 성욕 감퇴, 발기부전 등이다. 이때 성욕 감퇴와 성적 능력의 저하가 동시에 나타난다면 남성 호르몬의 양도 감소했을 가능성이 크다. 사실 우울증도 이와 비슷한 증상이 나타나기 때문에 이러한 증상이 나타난다면 우울증일 가능성도 크다. 반대로 우울증인 줄 알고 우울증 치료제를 먹고 있는데 증상이 개선되지 않는다면 남성 갱년기 장애일 수 있다. 남성 호르몬의 분비량을 검사해 남성 갱년기 장애인지 우울증인지를 진단할 수 있다. 일반적으로 혈액 속 테스토스테론양을 검사하지만, 최근에는 타액으로도 측정할 수 있다.

♠ 남성 갱년기 장애의 증상

[신체적 증상]

권태감, 피로감, 근육통, 두통, 어지럼증,
화끈거림, 발한, 빈뇨, 의욕 감퇴, 성욕 감퇴,
발기력 저하 등

남성 갱년기 장애를
의학적으로는
생식샘 기능 저하증,
노인남성 생식샘
기능 저하
증후군이라고 하지

[정신적 증상]

우울증세, 집중력 저하, 기억력 저하,
불안감, 짜증, 수면장애 등

↓

우울증도 비슷한 증상이 나타난다

혈중 테스토스테론양을 검사해
남성 갱년기 장애인지 우울증인지
진단한다

남성 갱년기
장애의 증상은
우울증이랑
비슷하네...

남성 갱년기가 나타나는 이유는?

나이가 들면서 자연스럽게 남성 호르몬의 분비량이 감소한다. 서서히 줄어든다면 그다지 심각한 증상은 나타나지 않는다. 하지만 최근 40대 이상의 남성 중 남성 호르몬이 급격하게 감소하면서 남성 갱년기 장애를 겪는 사람들이 증가하고 있다.

남성 호르몬의 분비량이 급격하게 감소하는 원인으로는 크게 두 가지가 있다. 하나는 정소의 남성 호르몬을 만드는 능력 자체가 떨어지는 경우다. 이는 노화로 인한 것이거나 정소와 연결된 혈관에 장애가 발생해 정소가 작아지는 등 어떤 원인으로 인해 정소가 손상된 것에 기인한다. 또 하나는 뇌에서 남성 호르몬을 분비하기 위한 명령이 잘 전달되지 않는 경우로 시상하부나 하수체에서 분비되는 생식샘 자극 호르몬 방출 호르몬이나 남성 호르몬의 분비를 촉진하는 생식샘 자극 호르몬의 작용이 약해지는 것이 이에 해당한다. 이것들이 남성 갱년기 장애의 원인 중 하나로 추측되고 있다.

그렇다면 생식샘 자극 호르몬의 작용은 왜 약해지는 걸까? 가장 큰 요인 중 하나로 꼽히는 것이 바로 스트레스다. 계속된 스트레스에 노출되어 있으면 항상 교감 신경이 우위인 상태가 이어지게 된다. 그러면 혈압이 높아지고 부신 피질에서 스트레스 호르몬인 코르티솔이 대량으로 분비되어 혈당을 높이거나 생식샘 자극 호르몬의 작용을 억제하게 되는 것이다.

♠ 남성 갱년기가 나타나는 이유

역시나 남성 호르몬의 감소가 원인이지

남성 갱년기는 왜 나타나는 거야?

남성 호르몬이 감소하는 요인
↓

- 정소 자체의 남성 호르몬을 만드는 능력이 떨어진다
- 남성 호르몬의 분비를 촉진하는 생식샘 자극 호르몬 작용이 약해진다
  → 남성 갱년기 장애의 원인으로 추측된다
  ↓

계속된 스트레스
↓

교감 신경 우위의 상태
↓

부신 피질에서 코르티솔이 분비
↓

생식샘 자극 호르몬의 작용 억제

그럼~ 그럼! 그러니 잘 해소하는 법을 찾아야 해!

스, 스트레스는 만병의 근원이네~

남성 호르몬이 감소하면
대사증후군에 걸린다?

남성 호르몬은 뼈와 근육의 증강, 산화스트레스의 억제(체내 활성산소 발생을 억제하고 세포 노화와 암화를 억제하는 작용), 혈관과 지질 대사, 성 기능, 인지기능 유지 등의 기능을 한다. 그래서 일반적으로 남성 호르몬의 수치가 높은 사람이 더 오래 산다고 알려져 있다. 남성 호르몬의 분비량이 감소하면 근육량이 줄고 내장 지방이 증가하기 쉬워져서 살이 찌거나 대사 증후군에 걸릴 가능성이 커지게 된다.

대사증후군이란 내장 지방의 축적(허리가 남성 85cm 이상, 여성 90cm 이상)과 함께 혈압, 혈당, 콜레스테롤 수치 중 2개 이상이 기준치를 초과하는 경우를 의미한다. 대사증후군에 걸린 남성의 남성 호르몬 수치는 평균치보다 낮은 경향을 보인다. 그리고 대사증후군에 걸리면 당뇨병, 고혈압, 심근경색, 암 등 다른 생활 습관병에도 걸리기 쉽다.

나이가 들면서 남성 호르몬의 분비량이 조금씩 줄어드는 것은 자연스러운 일이다. 하지만 건강을 유지하고 장수하기 위해서는 그 격차를 줄이는 것이 좋다.

♠ 남성 호르몬이 감소하면……

- 남성 호르몬은 신체에 중요하다
  → 뼈와 근육의 증강
  → 산화스트레스의 억제
     (세포의 노화나 암화를 억제하는 작용)
  → 혈관 및 지질 대사, 성 기능, 인지기능의 유지
        ↓
  일반적으로 남성 호르몬 수치가 높은 사람들이 장수한다
        ↓ 남성 호르몬이 감소하면……
- 남성 갱년기 장애
- 내장지방의 증가
- 대사증후군
- 생활 습관병(당뇨병, 고혈압, 심근경색, 암 등)

남성 호르몬이 많으면 대머리가 된다?

　남성 호르몬이 많으면 대머리가 되기 쉽다는 말은 사실일까? 일반적으로 여성보다 남성이 체모가 많다. 이는 남성 호르몬에 체모의 성장을 촉진하는 작용이 있기 때문이다. 그런데 머리숱의 경우 남성이 더 적어진다. 이는 남성 호르몬에 머리카락의 성장을 억제하는 작용이 있기 때문이다. 하지만 이것이 남성 호르몬의 분비량이 많은 사람일수록 대머리가 되기 쉽다는 말은 아니다.

　남성 호르몬인 테스토스테론은 5알파-환원효소 2형(5알파-리덕타아제 2)이라는 효소로 인해 더욱더 강력한 작용을 하는 남성 호르몬 디하이드로테스토스테론으로 변환된다. 그리고 디하이드로테스토스테론은 머리숱이 적어지게 하는 작용을 하는 TGF-β1이라는 물질의 생성을 촉진한다. 남성 호르몬(테스토스테론)의 분비량이 같아도 테스토스테론을 디하이드로테스토스테론으로 변환하는 효소인 5알파-환원효소 2형을 많이 가진 사람일수록 대머리가 되기 쉽고 5알파-환원효소 2형으로 인해 TGF-β1을 더 많이 생성하는 사람이 대머리가 되기 쉽다. 머리숱이 줄어드는 일련의 과정을 저해할 수 있다면 대머리가 되는 것을 막을 수 있다. 그래서 최근의 발모제는 5알파-환원효소 2형의 작용을 억제하거나 TGF-β1의 생성을 억제하는 작용이 있는 타입이 많아지고 있다.

♠ 남성형 탈모증이 오는 이유는?

남성 호르몬(테스토스테론)
↓
5알파-환원효소 2형(5알파 리덕타아제 2)로 인해 더욱더
강력한 작용을 하는 디하이드로테스토스테론으로 변환된다
↓
디하이드로테스토스테론이 모근에 작용해
TGF-β1이 만들어진다
↓
TGF-β1이 머리숱을 감소시킨다

남성 호르몬과 발기부전(ED)

발기부전(ED=Erectile Dysfunction)이란 성관계 시 페니스가 충분히 발기되지 않거나 발기 상태를 유지하지 못해서 만족스러운 성행위를 하지 못하는 것을 의미한다.

발기는 뇌에서 느낀 성적 자극이 페니스에 전달되면 페니스에 있는 스펀지 형태의 조직인 해면체로 많은 양의 혈액이 흘러들어 축적되며 일어난다. 성적 자극을 느끼면 페니스 내에서 분비된 일산화질소로 인해 사이클릭 GMP라는 물질이 증가하고 평활근이 이완되어 동맥이 확장된다. 그러면 해면체로 혈액이 유입되기 쉬워진다. 해면체로 혈액이 유입되어 페니스가 발기하면 반대로 유출 쪽 정맥이 압박되어 페니스 안으로 혈액이 축적되어 발기 상태를 유지하는 것이다. 일련의 과정 어딘가에 장애가 있으면 페니스는 충분히 발기하지 못한다.

발기부전은 원인에 따라 크게 두 가지 유형으로 나뉜다. 하나는 정신적 스트레스 등으로 인한 심인성(기능성) 발기부전이고 다른 하나는 노화나 질병 등 신체적 원인에 의한 기질성 원인이다. 이 두 가지가 모두 원인인 혼합형도 있다.

심인성 발기부전은 스트레스 등으로 성적 자극이 잘 전달되지 않아서 발생한다. 기질성 발기부전은 노화에 따른 남성 호르몬의 감소나 생활 습관병으로 인한 동맥경화, 고혈압, 당뇨병과 같은 질환으로 인해 페니스 내의 혈관이 손상되고 일산화질소가 충분히 분비되지 않아서 생기는 것으로 보인다. 남성 호르몬에는 발기에 필요한 일산화질소나 사이클릭 GMP의 생성을 촉진하는 작용이 있어서 노화나 스트레스로 인해 남성 호르몬이 감소하게 되면 발기부전이 생긴다. 중장년 이후 남성 호르몬의 분비량이 줄어들면서 발기부전 증상이 나타나게 된다. 이는 신체적 원인으로 인한 기질성 발기부전인데, 그 방아쇠가 되는 요인으로 스트레스가 유력하기 때문에 심인성 발기부전과의 혼합형이라고 할 수 있다.

♠ 남성 호르몬과 발기부전(ED)

발기부전(ED)

→ 섹스 시 페니스가 충분히 발기되지 않거나 발기를 유지하지 못하기 때문에 만족스러운 성행위를 할 수 없는 것

[발기부전의 유형과 원인]

심인성(기능성) → 정신적 스트레스 등이 원인
　　　　　　　　성적 자극이 잘 전달되지 않기 때문이다
　　　　　　　　아침에 서지 않는다면 심인성 원인일 가능성이 크다
기질성 → 노화로 인한 남성 호르몬의 감소
　　　　동맥경화나 당뇨병과 같은 혈관 계통의 병
혼합형 → 심인성과 기질성이 동시에 원인으로 작용한다
　　　　스트레스로 인해 남성 호르몬이 급격히 감소한 경우 등

남성 호르몬과 손가락의 관계는?

태아기에 받은 남성 호르몬의 양에 따라 성별이 결정되지만 실제로 태아기에 어느 정도의 남성 호르몬을 받았는지를 알아보기란 쉽지 않다. 최근 연구를 통해 검지와 약지의 길이를 비교해서 태아기에 받은 남성 호르몬의 양을 짐작할 수 있는 것으로 밝혀졌다. 태아 때 남성 호르몬을 많이 받은 남자일수록 검지보다 약지가 더 길어지는 경향이 있다. 이러한 경향이 높을수록 남성적이고 낮을수록 여성적이라고도 할 수 있다. 여성은 검지와 약지가 같은 길이이거나 검지가 더 긴 경우가 많다. 따라서 약지가 더 긴 여성은 남성적이라고도 할 수 있다. 또 약지가 긴 여성은 그렇지 않은 여성보다 잠재적인 스포츠 능력이 높을 가능성이 있다는 조사 결과도 있다. 대개 남성 호르몬의 수치가 높을수록 행동력과 리더십이 뛰어난 편이다. 주식 트레이더와 남성 호르몬 분비량의 관계를 조사한 결과, 남성 호르몬 수치가 높은 트레이더일수록 좋은 성적을 내는 것으로 나타났다.

♠ 남성 호르몬과 손가락의 관계

오오~ 흥미로운 기사네!

토막 뉴스 ♂
손가락의 길이로 남성 호르몬이 많은 양 느낀다?

있잖아, 이거 진짜야?

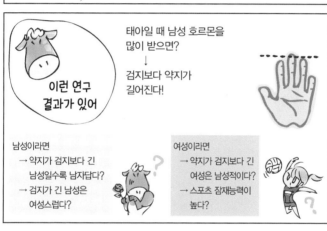

이런 연구 결과가 있어

태아일 때 남성 호르몬을 많이 받으면?
↓
검지보다 약지가 길어진다!

남성이라면
→ 약지가 검지보다 긴 남성일수록 남자답다?
→ 검지가 긴 남성은 여성스럽다?

여성이라면
→ 약지가 검지보다 긴 여성은 남성적이다?
→ 스포츠 잠재능력이 높다?

어... 약지가 길...지 않을까? 아마도

으ㅅㅅ음

나는 검지랑 약지 길이가 똑같아~ 선생님은?

남성 호르몬이 많은 사람은 어떤 사람?

　남성 호르몬과 약지의 관계나 남성 호르몬의 수치가 높은 트레이더일수록 좋은 성적을 낸다는 사례 외에도 다음과 같은 조사 결과가 있다. 『성공한 남자는 왜 호르몬 수치가 높은가』(호리에 시게로, 보누스)에 따르면 남성 호르몬의 수치가 높은 사람일수록 공정하지 않으면 납득하지 않는 경향이 있다고 한다.

　미국 하버드 대학교 학생들을 대상으로 다음과 같은 설문조사를 했다. 40달러를 분배할 때, 제안자는 35달러, 제안을 받는 자는 5달러만 분배된다고 가정한다. 그리고 제안을 받는 측이 판단할 기회는 1회로 한정한다. 만약 제안을 받는 측이 거부했을 때는 두 사람 모두 돈을 받을 수 없다고 가정하자. 이때 남성 호르몬의 수치가 높은 사람은 이 제안을 거부하는 경향이 많았다. 반대로 남성 호르몬의 수치가 높지 않은 사람은 이 제안을 받아들이는 사람이 많았다. 이에 대해 호리에는 '남성 호르몬 수치가 높은 사람은 공정한 거래가 아니면 받아들이지 않는다. 그리고 경제적인 합리성을 따지지 않을 가능성이 있다. 따라서 남성 호르몬의 수치가 높으면 충분히 납득할 만한 이유가 있으면 자신의 이익에 연연하지 않는 행동을 할 가능성이 높으므로 희생을 무릅쓰고 행동을 실천할 가능성이 높다'라고 말했다.

　또 남성 호르몬의 수치가 높은 사람은 공격적이라는 인상이 있다. 실제로 공격적인 사람의 남성 호르몬 수치가 높은 경향을 보이지만 그 인과관계가 명확하게 밝혀진 것은 아니다. 미혼 남성과 자녀가 있는 기혼 남성의 남성 호르몬 수치를 비교하면 자녀가 있는 남성 쪽이 남성 호르몬의 수치가 낮은 것으로 드러났다. 또 미혼 남성이라도 아기를 안으면 남성 호르몬 수치가 떨어진다고 한다.

♠ 남성 호르몬이 많은 사람

- 외형적으로도 단단해서 남자다운 체형
- 행동력과 리더십이 뛰어난 사람이 많다고 알려져 있다
- 여성이나 성행위에 관한 관심도 강하고 적극적이다
- 검지보다 약지가 길다(태아기 남성 호르몬 양에 따른다)
- 좋은 성적을 내는 트레이더가 많다
- 공정한 거래가 아니면 받아들이지 않는다
- 공격적이다?
    - → 남성 호르몬과의 인과관계는 명확하지 않다

남성 호르몬을 늘리는 방법

노화에 의해 자연스럽게 남성 호르몬의 수치가 저하하고 활력이 떨어진다. 남성 호르몬 수치가 떨어지면 남성 갱년기 장애를 비롯해 여러 문제가 나타난다. 개인차도 크지만, 최대한 분비량이 떨어지지 않도록 노력하는 것이 좋다.

일반적으로 남성 호르몬의 분비량은 10~20대에 정점을 찍고 30대 무렵부터 조금씩 감소한다. 또 하루의 시간 흐름에 따라서도 남성 호르몬의 수치가 변화하는데 이를 호르몬 수치의 일내(日內) 변동이라고 한다. 30대 무렵까지는 아침에 높고 밤에는 낮아지지만 중장년이 되면 일내 변동도 적어지고 아침부터 계속 낮은 수준을 유지하는 날도 늘어난다. 남성 호르몬의 수치가 떨어지면 우울증이 생기기 쉽다. 우울한 증세가 오전에 더 심하다면 남성 호르몬의 수치의 영향일 가능성이 있다.

다음은 남성 호르몬의 분비를 높일 수 있는 방법들이다.

◆ 운동을 한다

가장 손쉽게 할 수 있는 것은 운동이다. 운동을 하면 남성 호르몬 수치가 증가한다. 특히 근력을 높이는 운동이 효과적이다. 근육을 단련하면 남성 호르몬의 분비가 증가하고 근육량이 증가하는데 상대적으로 근육량이 많은 하체를 단련하면 더욱 효과가 높아진다.

워킹이나 조깅, 팔굽혀펴기나 스쿼트가 좋다. 스쿼트는 어깨너비보다 약간 넓게 다리를 벌리고 팔을 머리 뒤로 꼬고 등을 편 채 천천히 숨을 들이마시면서 허벅지가 바닥과 수평이 될 때까지 앉았다가 다시 천천히 숨을 내

쉬면서 일어서는 운동이다.

　이러한 운동을 자신의 페이스에 맞춰 무리하지 않는 선에서 지속적으로 하는 것이 중요하다.

♠ 남성 호르몬을 늘리는 방법①

◆ 운동을 한다

　→ 운동을 하면 남성 호르몬 수치가 증가한다

　→ 특히 근력을 높이는 운동이 효과적이다

　　　↓

하체 근력을 키우자!

　　　↓

워킹, 조깅, 팔굽혀펴기, 스쿼트 등

◆ 균형 잡힌 식사를 한다

　내장 지방이 너무 많으면 지방에서 분비되는 나쁜 호르몬으로 인해 남성 호르몬의 기능이 약해지고 비만이 되기 쉬워지므로 균형 잡힌 식사를 하는 것이 좋다. 또 운동을 통해 근육을 키우면 칼로리 소비도 늘어나서 내장 지방도 함께 줄일 수 있다. 남성 호르몬을 늘리는 데 효과가 있는 음식으로는 소고기, 돼지고기, 닭고기, 생선, 달걀, 콩류, 종자류 등이 있다.

　남성 호르몬은 콜레스테롤로부터 만들어진다. 콜레스테롤은 호르몬의 재료가 될 뿐만 아니라 세포막 재료가 되는 등 신체에 필수적인 물질이다. 콜레스테롤의 75%는 체내에서 음식으로부터 생성되지만, 나머지는 음식을 통해 섭취한다. 흔히 콜레스테롤이라고 하면 부정적인 이미지를 떠올리지만 콜레스테롤이 부족해지면 남성 호르몬의 생성에 악영향을 미치게 된다. 그러므로 나쁜 콜레스테롤만 늘지 않게 주의해야 한다. 또, 콜레스테롤로부터 남성 호르몬을 생성하는 과정에 비타민과 미네랄도 필요하다.

♠ 남성 호르몬을 늘리는 방법②

◆ 균형 잡힌 식사를 한다
　→ 내장 지방 과다 시 남성 호르몬의 작용이 약해진다
　→ 남성 호르몬이 감소하면 내장지방도 붙기 쉬워진다.
　　　　↓
　균형 잡힌 식사를 한다
　운동도 함께해서 근육을 단련하고
　칼로리 소비량을 늘린다
　　　　↓
　콜레스테롤, 비타민, 미네랄을
　골고루 섭취한다
　(소고기, 돼지고기, 닭고기, 생선,
　달걀, 콩류, 종자류 등)

◆ 스트레스를 쌓아두지 않는다

　스트레스는 남성 호르몬을 감소시키는 가장 큰 요인이다. 스트레스를 받지 않는 것이 중요하지만 현실적으로 쉽지 않다. 스트레스가 쌓인 상태는 교감 신경이 우위인 상태라는 뜻이다. 반대로 편안한 상태는 부교감 신경이 우위인 상태이다. 스트레칭을 하거나 미지근한 목욕을 하거나 음악을 듣는 등 다양한 방법을 통해 부교감 신경을 우위에 둘 수 있다. 또 자신에게 맞는 휴식 방법이나 스트레스 해소 방법을 찾는 것이 중요하다. 그리고 무슨 일이든 너무 끙끙 앓거나 신경 쓰지 않는 편이 좋다. 우울증 치료에도 활용되는 인지행동 요법(가능한 긍정적으로 사고하는 습관) 등도 효과적이다.

♠ 남성 호르몬을 늘리는 방법③

◆ 휴식을 취한다
　→ 스트레스가 쌓이면 남성 호르몬 수치가 줄어든다
　　　　↓
스트레스를 쌓아두지 않는다 → 부교감 신경을 우위로 만든다
　　　　↓
자신에게 맞는 휴식,
　스트레스 해소 방법을 찾는다
가능하면 긍정적으로 사고한다!

닷그린다!

남성 호르몬 보충요법

병원에서는 남성 호르몬 보충요법을 활용할 수 있다. 미국에서는 이미 일반적으로 시행되고 있는 치료 방법이다. 일본의 경우 건강보험이 적용되는 주사를 맞는 방법이 있다. 2~3주 간격으로 주사로 호르몬제를 투여하고 상태를 지켜보면서 조금씩 투여하는 양을 줄여나간다. 다만 사전 검사로 전립선이 비대하지 않은지를 살펴보고 혈액을 채취해 전립선암 가능성을 알아보는 검사(PSA)를 한다. 전립선암일 가능성이 있는 경우에는 가능성은 극히 낮지만 호르몬 보충요법으로 인해 암이 진행될 위험이 있기 때문에 실시하지 않는다. 또 수면무호흡증이나 간 기능 장애 등도 증상이 악화될 수 있다. 기타 부작용으로는 여드름이 잘 생기거나 적혈구가 늘어나는 다혈증이 생길 수 있다. 주사 투여 외에도 먹는 약이나 바르는 약, 붙이는 약 등도 있다.

♠ 남성 호르몬 보충요법

◆ 남성 호르몬 보충요법
   남성 호르몬제를 주사 등으로
   투여하는 방법
                ↓
[사전검사]
   → 혈액을 채취해 남성 호르몬
      (테스토스테론) 수치와 PSA
      (전립선암 가능성을 조사하는
      검사)
   → 촉진(觸診)을 통해 전립선의
      비대 유무를 검사
      ↓ 호르몬 수치가 기준치 이하
        이고 전립선암 등의 가능성
        이 없는 경우 보충요법을
        시행한다

[호르몬제 투여]
   → 주사로 남성 호르몬제를 2~3주
      간격으로 투여한다. 상태를 보면
      서 조금씩 투여하는 양을 줄여나
      간다

[부작용 등]
   → 여드름이 생기기 쉬워진다
   → 적혈구가 증가하는 다혈증이
      생길 수 있다

검사에서
남성 호르몬 수치가 낮은 경우,
주사로 보충하는 방법도...

주사는
아프지만
그런 걸
따질 때가
아니구나

선, 선생님은
도핑하지
않았다고!

앗, 선생님
여드름...

제6장

여성 호르몬과 갱년기 장애

갱년기 장애는 남성보다 여성에게서 훨씬 많이 나타난다. 왜 여성에게
갱년기 장애가 많이 나타나는지, 갱년기 장애와 여성 특유의 월경 주기,
피임 등과 여성 호르몬의 관계, 나아가 갱년기 장애를 가볍게 넘기는 방
법까지 알아보자.

에스트로겐은 여성 호르몬의 총칭

가장 대표적인 여성 호르몬은 에스트로겐(난포 호르몬)이다. 에스트로겐에는 '발정을 일으키는 물질'이라는 의미가 있어서 발정 호르몬으로 불리기도 한다. 에스트로겐은 에스트라디올, 에스트론, 에스트리오르와 같은 여성 호르몬의 총칭으로 이 중에서 가장 강한 작용을 미치는 것은 에스트라디올이다. 에스트로겐을 다른 말로 난포 호르몬이라고 부르는 것은 에스트로겐이 난소에 있는 난포에서 생성되고 분비되기 때문이다.

사춘기가 될 때까지 약간의 에스트로겐만 분비되다가 사춘기가 되면 에스트로겐의 분비가 증가해 유방이 발달하고 음모가 나며 초경을 시작하는 등 이차 성징이 시작된다. 이후에는 에스트로겐이나 프로게스테론 같은 여성 호르몬의 주기적 증감이 반복되며 약 1개월 주기로 배란과 월경을 하게 된다. 에스트로겐의 분비량은 30세 무렵부터 조금씩 낮아지고 40세부터 완경을 맞는 50세 전후의 갱년기까지 급격히 떨어진다. 완경 후 여성의 에스트로겐 수치는 또래 남성의 에스트로겐 수치보다 낮아진다. 그 결과, 자율신경 기능 이상 등 신체적, 정신적으로 다양한 증상이 나타나는 갱년기 장애가 나타나기도 한다.

♥ 에스트로겐이란?

[여성의 에스트로겐 분비 연표]

사춘기 이전   미량밖에 분비되지 않는다

↓

사춘기   분비 증가

↓

여성으로서 신체가 완성   주기적인 증감을
         반복하게 된다

↓

30세쯤~

↓   조금씩 저하하기 시작한다

40~50세 전후

급격히 저하

월경은 자궁의 벽이 무너지는 현상

난자의 근원이 되는 세포는 여성이 태아일 때 난소에서 500만~600만 개 정도 만들어지며 이후 만들어지지 않는다. 이후 출생 때까지 200만 개 정도로 감소하고 출생 후에도 계속 줄어든다. 배란이 시작되는 사춘기 무렵에는 20만~30만 개 정도를 가지고 있다. 그중 매달 1개가 배란되며 평생 배란되는 난자의 수는 500개 정도에 불과하다.

난자는 태아 때 만들어진 것이 바탕이 되기 때문에 신체와 같이 노화된다. 특히 35세 무렵부터 노화의 폭이 급격히 커진다. 노화된 난자는 수정 능력이 떨어지거나 유전자 등에 이상이 발생하는 경향이 커지므로 고령 출산의 경우 위험이 크다. 매달 좌우 어느 한 쪽의 난소에서 난자가 배란되면 자궁에서는 매달 수정란을 맞기 위한 준비를 한다. 자궁 내벽(자궁 내막)을 두껍게 만들어 수정란을 키우기 위한 침대를 마련하는 것이다. 하지만 배란 후 약 2주가 지나도 준비한 침대에 수정란이 찾아오지 않으면 무너지게 된다. 이렇게 무너지고 벗겨진 자궁 내벽은 혈액과 함께 질에서 배출된다. 이것이 바로 월경이다. 월경은 25일~38일 정도의 주기로 일어난다. 월경 기간은 한 번에 약 5일~7일간 지속한다. 개인차가 있지만 첫 월경인 초경은 초등학교 고학년 무렵이고, 월경이 완전히 멈추는 '완경'을 맞는 시점은 50세 무렵이다.

💜 난자와 월경의 관계

꽤 먼 미래이지만 초경에 대해서 알아야 하니 조금 공부해 볼까?

Baby~♡

나도 나중에 귀여운 아기를 낳고 멋진 엄마가 되고 싶어

- 난자는 태아 때 평생분이 만들어진다
  태아 난소에서 난자의 근원이 500만~600만 개 정도 만들어진다

  ↓

  출생까지 200만 개 정도로 감소

  ↓

  사춘기 무렵에는 20만~30만 개 정도가 된다

  ↓

  이 중 완경까지 500개 정도가 배란된다

- 월경이란?
  배란(난소에서 난자가 튀어나온다)

  ↓

  수정란을 맞이하기 위해 자궁 내막이 두꺼워진다

  ↓

  월경(수정란이 오지 않으면 자궁 내막이 부서져서 배출된다. 기간은 5~7일 정도)

  ※월경 주기는 약 25~38일이다

난자는 태아일 때 평생분이 만들어지고 월경과 밀접한 관계가 있지

이미 내 몸속에 준비 되어 있는 거구나

월경과 여성 호르몬

　매달 반복되는 월경 주기는 에스트로겐과 프로게스테론이 깊이 관련되어 있다. 두 여성 호르몬은 항상 일정량이 분비되는 것이 아니라 월경 주기 중에 크게 증감한다. 반대로 말하면 이 두 여성 호르몬의 증감으로 인해 월경이 주기적으로 반복되는 것이다.

　시상하부에서 생식샘 자극 호르몬 방출 호르몬이 하수체로 분비되면 그 자극으로 인해 하수체에서 난포 자극 호르몬과 황체 형성 호르몬이 분비된다.

　난포 자극 호르몬은 난소에 작용해 난소에 있는 난포의 성장을 촉진하고 미성숙했던 난자가 성숙된다. 동시에 난포 자극 호르몬은 난포에서 에스트로겐의 분비를 촉진시킨다. 에스트로겐의 분비량은 배란 직전에 정점을 찍는다. 그로 인해 황체 형성 호르몬의 분비가 일시적으로 급증하고 배란이 일어난다. 또 에스트로겐은 배란 후에도 자궁 내막을 두껍게 하도록 작용한다.

　황체 형성 호르몬은 난소에 작용해서 난포를 완전히 성숙시키고 배란시킨다. 그와 동시에 배란한 난포를 황체로 발달시켜 거기에서 프로게스테론의 분비를 촉진한다. 프로게스테론의 분비량은 배란 후 증가하기 시작해 월경 일주일 정도 전에 절정에 이른다. 프로게스테론은 자궁 내막을 두껍게 만들고 임신 후에는 임신을 유지한다. 더불어 자궁 수축을 억제하고 유산도 방지하며 기초 체온을 올린다.

♥ 월경과 여성 호르몬

[시상하부]
생식샘 자극 호르몬 방출 호르몬
↓
[하수체]
난포 자극 호르몬　　　황체 형성 호르몬
↓　　　　　　　　　　　↓
[난소의 난포]　　　　　[난소의 황체]
에스트로겐　　　　　　　프로게스테론
↓　　　　　　　　　　　↓
• 배란을
　유발한다
• 자궁 내막을
　두껍게 만든다

• 자궁 내막을
　두껍게 만든다
• 임신을 유지한다
• 기초체온을 올린다

여성 호르몬의 증감과 월경 주기

여성 호르몬은 1개월 주기로 분비량이 크게 변화한다. 그에 따라 월경 주기가 생기고 기초 체온도 변화한다. 기초 체온이란 아침에 일어난 직후 아직 몸을 움직이기 전의 체온을 말한다. 기초 체온은 배란 전 약 2주간 저온 상태였다가 배란 후에는 약 2주간은 고온 상태가 되고 임신이 없으면 다시 저온 상태로 돌아간다. 저온기와 고온기의 기초 체온은 고작 0.3~0.5도 정도 차이이기 때문에 기초 체온을 재려면 체온의 변화를 세밀하게 측정할 수 있는 여성용 체온계를 사용해야 한다.

한 달 주기로 변화하는 여성 호르몬은 그 분비량에 따라 난포기, 배란기, 황체기, 월경, 이렇게 4가지로 나눌 수 있다. 에스트로겐의 분비량이 많은 시기에는 컨디션이 좋고 프로게스테론의 분비량이 많은 시기에는 몸 상태가 나빠진다. 참고로 남성 호르몬의 분비는 여성 호르몬과 같은 주기성은 없고 대부분 일정하다. 여성 호르몬의 분비 주기성은 여성이 태아일 때 생겨난 것으로 추측된다. 기본적인 여성 뇌에서 남성 뇌로 변하면 여성 호르몬 분비의 주기성은 상실되고, 여성 뇌가 되면 여성 호르몬 분비의 주기성이 그대로 남는 것이다.

♥ 여성 호르몬의 증감과 월경 주기

난포기

월경부터 배란까지의 시기를 말한다. 자궁 내막을 두껍게 해 임신 준비를 한다. 에스트로겐이 우위에 있어서 기초 체온이 낮은 상태가 이어진다. 에스트로겐의 영향으로 비교적 컨디션이 좋다.

배란기

배란 전후의 2~3일을 배란기라고 한다.
기초 체온이 저온 상태에서 한층 더 일시적으로 떨어졌다가 고온으로 이행할 때 배란되는 것으로 추측된다.

황체기

배란 후부터 월경까지의 시기를 말한다. 프로게스테론의 분비량이 증가한다. 프로게스테론에는 체온을 올리는 작용이 있어서 황체기에 기초 체온은 높은 상태가 지속된다.
임신하지 않았을 때는 프로게스테론의 분비도 감소한다. 임신했을 때는 태반에서 프로게스테론이 분비되어서 임신을 유지하도록 돕는다. 기초 체온도 고온 상태가 지속된다.
황체기에 여성은 정신적으로 불안정해지거나 두통, 복통, 부종 등 컨디션이 나빠지는 경우가 많다. 이른바 월경 전 증후군을 앓는다.

월경

임신하지 않으면 에스트로겐과 프로게스테론의 분비량은 떨어지고 두꺼워진 자궁 내막이 벗겨져서 배출된다. 이러한 5~7일 정도의 기간을 월경이라고 한다.

월경 전에 짜증이 느는 이유는?

　월경이 다가오면 짜증이 나고 우울해지는 등 정신적으로 불안정해지거나 복통, 요통, 부종, 권태감, 졸음 등 컨디션이 나빠지는 경우가 많다. 월경 전에 나타나는 정신적, 신체적 증상을 월경 전 증후군(PMS)이라고 한다.

　월경 전 증후군의 원인 중 하나는 여성 호르몬의 분비량이 크게 변화하기 때문이다. 배란 후 황체기에는 에스트로겐의 분비량이 감소하고 프로게스테론의 분비량이 증가하는데 특히 이 프로게스테론의 분비량 증가가 영향을 미치는 것으로 보인다. 프로게스테론은 우울감을 키우고 부종의 원인이 되는 보수(保水) 작용 등 신체에 불쾌한 증상을 나타나게 하는 작용을 하기 때문이다. 또 세로토닌, 노르아드레날린, 베타엔도르핀 등 기분을 안정시키고 의욕과 쾌감을 만들어내는 신경 전달 물질의 분비도 감소한다. 그 결과, 우울증이나 짜증 등 정신적으로 불안정한 상태가 된다.

　현재 월경 전 증후군을 완전히 치료할 방법이 없지만 각 증상에 맞는 약 처방으로 증상을 가볍게 만들 수는 있다. 통증에는 진통제, 부종에는 이뇨제, 우울증에는 항우울제나 항정신성의약품, 호르몬 요법으로는 경구피임약인 저용량 알약 등을 복용해서 증상을 완화시킬 수 있다. 또 호르몬 때문에 일어나는 증상이기 때문에 주변 사람들이 여성의 정기적인 증상을 이해해 주는 것도 중요하다.

♥ 월경 전에 짜증이 느는 이유는?

'월경 전 증후군'이라고, 월경 1주일~10일 전에 정신적, 신체적으로 컨디션이 나빠지는 현상이지

월경 전이 되면 짜증이 난다는 말을 들은 적이 있어

■ 월경 전 증후군(PMS)이란?

[신체적 증상]
- 복통, 요통, 두통, 부종, 권태감, 졸음, 어지러움, 설사, 변비, 유방의 당김이나 통증, 메스꺼움 등

[정신적 증상]
- 우울하거나 짜증이 나고 화가 나기 쉽고 불안해 진다

[원인]
- 여성 호르몬인 에스트로겐이 감소하고 프로게스테론이 증가하기 때문이다. 프로게스테론은 우울감과 부종 등 신체를 불편하게 만드는 작용을 한다.
- 신경 전달 물질인 세로토닌, 노르아드레날린, 베타엔도르핀 등도 감소하기 때문이다

[대처 방법]
- 특히 심할 경우에는 증상에 맞는 약을 복용한다
  → 진통제, 이뇨제, 항우울제, 경구피임약 등
- 주변의 이해도 중요하다

이 역시 호르몬의 영향으로 여성 호르몬인 에스트로겐이 감소해서 프로게스테론이 증가하기 때문이지

호르몬의 영향이니까 주위 사람들도 따뜻한 눈으로 바라봐주면 좋겠네

경구피임약으로 피임이 가능한 원리는?

경구피임약은 주류로 자리 잡은 피임법이다. 경구피임약의 주성분은 여성 호르몬인 에스트로겐과 프로게스테론이다. 여성 호르몬의 함유량이 적은 알약을 저용량 알약이라고 한다. 부작용도 적고 올바르게 복용하면 피임 성공률도 99% 이상이다. 경구피임약을 먹으면 혈중 여성 호르몬 농도가 올라간다. 이를 시상하부와 하수체가 감지해서 생식샘 자극 호르몬 방출 호르몬 및 난포 자극 호르몬, 황체 형성 호르몬의 분비가 억제되고 난소에서 난포가 성숙하지 않고 배란도 일어나지 않게 된다. 다시 말해 뇌가 임신했다고 착각을 해 신체도 임신한 상태가 되기 때문에 배란이 없어지고 임신하기 어려운 상태의 자궁이 된다.

경구피임약의 부작용으로 메스꺼움이나 두통, 부정 출혈이 일어나기도 한다. 반대로 경구피임약을 복용하면 월경 전 증후군이나 생리통이 가벼워지거나 난소암과 자궁체암의 위험이 줄어드는 경우도 있다.

♥ 경구피임약으로 피임이 가능한 원리

◆ 저용량 알약
→ 여성 호르몬(에스트로겐, 프로게스테론)
  의 함유량이 적은 경구피임약을 말한다
  (올바르게 복용하면 피임 효과도 높다).
  월경 전 증후군이나 생리통을 가볍게
  하는 등의 효과도 있다

[경구피임약의 작용 원리]
  경구피임약의 복용
        ↓
  여성 호르몬의 혈중 농도 상승
        ↓
  시상하부, 하수체에서 생식샘 자극 호르몬
  방출 호르몬, 난포 자극 호르몬,
  황체 형성 호르몬 분비가 억제된다
        ↓
  난소에서 난포가 성숙하지 않고
  배란도 되지 않는다.
  자궁도 임신하기 어려운 상태가 된다.
        ↓
  '인공적으로 임신 상태로 만들어서
   피임이 가능해진다'

185

모유와 여성 호르몬

유방은 사춘기부터 성장하며 지방 조직으로 이루어져 있다. 그 안에는 모유를 만들기 위한 유선 조직이 있다. 유선 조직은 포도송이처럼 생겼으며 한쪽 유방에 15~20개씩 존재한다. 임신 중에 분비되는 프로게스테론, 에스트로겐, 프로락틴 등 여성 호르몬에 의해 발달하여 모유가 나올 준비를 한다. 모유는 유선 조직 주위에 있는 모세혈관 내에 흐르는 혈액에서 필요한 영양분을 뽑아 만들어진다. 임신 중에는 프로게스테론과 에스트로겐이 프로락틴의 작용을 억제하지만 출산 후 프로게스테론과 에스트로겐의 분비량이 줄어들면 프로락틴이 유선을 자극해서 모유가 나온다. 아기가 젖꼭지를 빠는 자극은 프로락틴과 옥시토신의 분비를 촉진한다. 옥시토신에는 유선 조직 주위에 있는 근육을 수축시켜 모유를 짜내는 작용이 있다. 이 두 호르몬에 의해 아기가 젖꼭지를 빨면 모유가 나온다. 또 옥시토신은 신경 전달 물질로도 작용해 수유라는 행위를 통해 행복감과 아이에 대한 애정을 깊게 만드는 작용을 하는 것으로 추측된다.

♥ 모유와 여성 호르몬

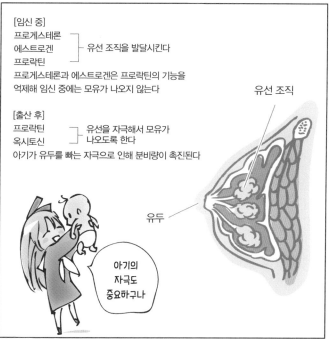

[임신 중]
프로게스테론
에스트로겐 ┐ 유선 조직을 발달시킨다
프로락틴
프로게스테론과 에스트로겐은 프로락틴의 기능을
억제해 임신 중에는 모유가 나오지 않는다

유선 조직

[출산 후]
프로락틴
옥시토신 ┐ 유선을 자극해서 모유가 나오도록 한다
아기가 유두를 빠는 자극으로 인해 분비량이 촉진된다

유두

여성이 장수하는 이유

일반적으로 여성이 남성보다 장수한다. 그 요인 중 하나는 에스트로겐으로 성 호르몬으로서의 작용뿐만 아니라 신체를 건강하게 유지하는 여러 가지 작용을 한다.

다음은 에스트로겐이 신체를 건강하게 유지하는 기능이다.

- 항산화 작용으로 활성산소를 감소시켜서 암과 노화를 방지한다
- 동맥경화나 심근경색, 고혈압 등 혈관계 질병을 방지한다
- 뼈를 강하게 하거나 피부와 머리카락을 깨끗하게 유지하는 작용을 한다
- 나쁜 콜레스테롤이나 중성 지방의 증가를 억제한다
- 면역 기능을 높인다
- 기억이나 학습 기능을 촉진해 치매나 알츠하이머병의 발병을 억제한다

남성도 소량의 에스트로겐이 생성되어 여성과 같은 작용을 한다. 앞에서 언급한 남성 호르몬의 건강에 대한 작용의 일부는 남성 호르몬으로부터 변화한 에스트로겐에 의한 작용일 수도 있다. 에스트로겐을 더 많이 생성하는 여성이 에스트로겐의 작용도 강해서 결과적으로 여성이 더 오래 사는 비율이 높아진다. 또 대부분의 경우 여성의 기초대사량(에너지 사용률)이 더 낮아서 노화 속도도 느리다. 남성은 여성보다 면역 기능이 약해서 유아기 사망률이 높고 혈우병 같은 유전계 질병에 걸리기 쉽다. 남성이 유전계 질환에 걸리기 쉬운 것은 성염색체 때문이다. 여성의 성염색체는 XX로 같은 것이 2개 있으므로 어느 한 쪽에 이상이 있어도 발병하지 않는다. 하지만 남성의 성염색체는 XY로 각각 1개씩이어서 어느 한 쪽에 이상이 있으면 발병하기 쉽다. 여러 요소들이 종합적으로 영향을 미쳐 여성이 남성보다 장수할 확률이 높다.

여성의 갱년기 장애

　나이가 들면 노화로 인해 난소의 기능이 쇠퇴하고 여성 호르몬인 에스트로겐이나 프로게스테론의 분비량이 줄어든다. 여성 호르몬의 분비량은 30세 무렵부터 조금씩 낮아져서 40세부터 50세 전후가 되면 급격히 저하된다. 그에 따라 월경이 점차 불규칙해지다 월경이 없어지는 완경을 맞게 된다. 통상적으로 1년 이상 월경이 없는 경우를 완경으로 진단하고 완경을 낀 45세에서 55세 정도의 시기를 여성 갱년기로 본다. 갱년기에는 여성 호르몬의 분비량 저하로 인해 다양한 신체적 부진이 나타나게 되는데 이를 갱년기 장애라고 한다.

　갱년기 장애의 대표적인 증상은 핫 플래시로 불리는 얼굴과 신체의 화끈거림, 땀띠, 두근거림, 어지럼증 등이다. 이는 주로 여성 호르몬의 분비량 저하로 인한 자율 신경 기능 이상이 원인이다. 갱년기가 되면 자율 신경을 조절하는 시상하부에 흐트러짐이 생겨 자율 신경 기능 이상이 생긴다. 난소의 기능이 쇠퇴하고 여성 호르몬이 줄어들면 시상하부는 하수체에 생식샘 자극 호르몬의 분비를 촉진시킨다. 하지만 아무리 여성 호르몬을 증가시키라는 명령이 내려져도 난소의 기능이 떨어져 있기 때문에 더는 여성 호르몬을 분비할 수 없다. 그 결과, 시상하부에 혼란이 생기고 자율 신경 컨트롤도 잘되지 않게 되는 것이다.

　갱년기에는 자율 신경의 변조로 정신적으로도 불안정해지기 쉽고 우울증이나 짜증, 불면, 불안, 무기력 등의 증상이 나타날 수 있다. 이러한 정신적 증상에는 스트레스도 큰 영향을 미친다. 갱년기 장애 증상에도 개인차가 있어 거의 증상이 나타나지 않는 사람도 있다. 증상이 나타나더라도 다른 질병이 원인일 수도 있기 때문에 병원에서 정확한 진단을 받는 것이 중요하다.

♥ 여성의 갱년기 장애

갱년기 → 여성 호르몬의 분비가 급격히 저하되는 시기
　　　　　완경을 맞이하는 45세부터 약 55세까지
완경 → 1년 이상 월경이 없어짐

[갱년기 장애의 증상]
- 핫 플래시 (자율 신경 기능 이상이 원인)
　→ 화끈거림, 땀 흘림, 가슴 두근거림, 숨 가쁨, 어지러움, 메스꺼움,
　　두통, 손발 저림, 냉증, 어깨 결림, 요통 등
- 기타
　→ 피부 건조나 가려움증, 눈과 입 마름, 화장실에 자주 감, 요실금,
　　성교통 등
- 정신적인 것
　→ 우울증, 짜증, 불면, 불안, 무기력 등

여성 호르몬이 줄어들면 노화가 촉진된다?

에스트로겐은 암과 생활 습관병 등 다양한 질병을 예방한다. 그래서 에스트로겐의 분비량이 급격히 감소하는 갱년기 이후의 여성은 에스트로겐에 의한 효과가 상실되어서 그동안 억제됐던 노화 현상이 촉진되게 된다. 갱년기 장애뿐 아니라 나쁜 콜레스테롤이 증가하는 고지혈증과 고혈압, 동맥경화, 심근경색, 당뇨병, 기억력과 인지력 저하 등이 나타날 수 있다. 내장지방도 붙기 쉽고 대사증후군에 걸리기 쉬워진다. 더욱이 칼슘을 뼈에 저장하는 기능이 약해지면서 골다공증이 생겨 뼈가 부러지기 쉬워지고 피부도 수분과 탄성이 없어져 주름이 두드러지게 된다. 화장실에 자주 가게 되는 빈뇨나 기침이나 재채기를 할 때 소변이 새는 요실금이 생기는 사람이 많은 것도 노화와 여성 호르몬 감소로 인해 골반이나 요도 근육이 약해지기 때문이다. 이외에도 여성 호르몬이 감소하면 질 등 여성기에 수분이 사라지고 위축되어 성관계 시 통증을 느끼게 된다. 이러한 증상은 환경을 기점으로 남성과 여성의 발병 비율이 뒤집힌다. 환경 후 여성의 에스트로겐의 수치가 또래 남성보다 낮아지기 때문이다.

에스트로겐은 지방 세포에서도 생성되기 때문에 환경 후의 여성 중에는 너무 마른 사람보다 적당히 체지방이 붙어 있는 사람이 에스트로겐의 수치도 높다. 하지만 내장지방이 많은 과체중의 경우에는 오히려 건강에 부정적인 영향을 미친다.

♥ 에스트로겐이 줄어들면 노화가 촉진된다?

에스트로겐은 여성의 노화를 억제한다

↓ 완경 후 에스트로겐이 감소하면

노화가 촉진된다

- 나쁜 콜레스테롤의 증가로 인한 고지혈증
- 동맥경화, 심근경색, 고혈압, 당뇨병
- 기억력이나 인지력 저하
- 골다공증
- 피부와 머리가 거칠어진다
- 빈뇨나 요실금이 나타난다
- 성교통이 일어나기 쉽다 등

갱년기 장애를 가볍게 지나가는 방법

갱년기 장애를 가볍게 지나가려면 균형 잡힌 식사와 적당한 운동, 질 좋은 수면, 스트레스 없는 생활을 해야 한다. 모두 건강을 유지하기 위해서 꼭 필요한 기본적인 요소들이다. 여성 호르몬이 감소하면 내장지방이 늘어나 비만이 되기 쉽다. 이를 방지하기 위해서라도 평소 균형 잡힌 식사를 하는 것이 중요하다. 또 여성 호르몬인 에스트로겐과 같은 기능을 하는 아이소플라본이 많이 함유된 콩 식품을 섭취하면 좋다. 과체중은 금물이지만 그렇다고 해서 저체중도 좋지 않다. 완경 후 여성은 지방 세포에서 에스트로겐이 생성되기 때문이다.

균형 잡힌 식사와 함께 또 하나 중요한 것이 운동이다. 운동을 하면 성장 호르몬의 분비도 촉진된다. 성장 호르몬에는 면역력을 강화하거나 젊음을 유지하는 기능이 있다. 여성의 경우 근육량이 감소하면 소비 열량도 감소해서 같은 열량을 섭취해도 살이 찌기 쉬워지므로 걷기 같은 유산소 운동과 함께 근육 훈련도 병행하면 좋다. 내장지방이 너무 많아지면 나쁜 호르몬이 방출되어 유익한 호르몬인 아디포넥틴의 작용을 억제하게 된다. 긴장을 풀어주는 스트레칭도 효과적이다. 갱년기에는 자율 신경의 작용이 흐트러지면서 여러 가지 이상이 나타난다. 자율 신경의 작용을 바르게 조절하는 의미에서도 스트레스를 최대한 받지 않도록 하는 동시에 스트레칭 등 긴장을 푸는 가벼운 운동이나 기분전환 방법을 찾는 것이 중요하다.

또 질 좋은 수면을 충분히 취하는 것이 좋다. 수면은 뇌와 신체를 쉴 수 있을 뿐 아니라 성장 호르몬을 분비해서 손상된 곳을 복구하고 자율 신경의 작용도 정돈할 수 있다. 때로는 자신의 증상에 맞는 한약 복용을 시도해 보는 것도 좋다.

위의 모든 방법이 에스트로겐의 분비를 늘려서 극적으로 증상을 개선하는 것은 아니다. 참을 수 없을 정도로 심한 증상이 나타난다면 에스트로겐을 직접 섭취하는 호르몬 보충요법이 가장 효과적이다.

💜 갱년기 장애를 가볍게 지나가는 방법

◆ 식사
  - 균형 잡힌 식사를 한다
  - 아이소플라본을 많이 함유한 콩 식품을 섭취하도록 한다
  - 과도한 다이어트로 인한 저체중도 좋지 않다

◆ 운동
  - 유산소 운동과 근육을 유지할 수 있는 운동을 병행한다
  - 운동하면 성장 호르몬의 분비도 촉진된다
  - 스트레칭으로 자율 신경을 조절한다

◆ 기타
  - 스트레스를 쌓지 않는 나만의 방법을 찾는다
  - 질 좋은 수면은 성장 호르몬을 분비시켜서 신체를 젊게 유지한다
  - 갱년기 장애를 가볍게 하는 한약도 있다
  - 증상이 심할 경우 호르몬 보충요법이 가장 효과적이다

여성 호르몬 보충요법

갱년기 장애로 인한 증상이 심각한 경우, 줄어든 여성 호르몬을 보충하는 호르몬 보충요법(HRT)이 효과적이다. 특히 갱년기 장애의 전형적인 증상인 핫 플래시에 효과적이라고 한다. 또 뼈가 약해지는 것을 억제하고, 성교통 등도 잘 느끼지 않게 된다.

호르몬 보충요법에 사용되는 호르몬제에는 먹는 약 외에도 붙이는 약, 바르는 약 등 여러 가지가 있다. 경구피임약도 호르몬 요법에도 사용되지만, 일반적으로 완경 전 여성이 대상이다. 완경 후 여성은 경구피임약보다 여성 호르몬의 양이 더 적은 것을 사용해야 한다. 그래서 완경 전까지는 경구피임약을 사용하고 완경 후에는 호르몬 보충요법으로 전환하는 경우가 많다.

주성분은 여성 호르몬인 에스트로겐인데 그 외에도 프로게스테론을 병용하는 경우가 일반적이다. 에스트로겐과 프로게스테론을 병용하면 자궁체암의 발병률을 낮출 수 있다. 다만 유방암 등에 대해서는 5년 이상 지속적으로 사용하면 발병 위험이 1.3배가량 높아지는 것으로 알려져 있다. 그래도 흡연 등 다른 요인에 비하면 크게 두려워할 만한 위험은 아니다. 중요한 것은 호르몬 보충요법의 장점을 이해하고 의사의 지도하에 자신에게 가장 적합한 호르몬제를 적절히 사용하는 것이다. 동시에 유방암 정기검진을 받는 것이 좋다.

호르몬 보충요법의 부작용으로는 앞에서 말한 내용 외에 가벼운 메스꺼움과 출혈이 있는데, 정기적으로 출혈하는 경우와 처음에 출혈이 일어났다가 조금씩 가라앉는 경우 등 호르몬제의 종류와 투여 방법에 따라 다르게 나타난다.

♥ 여성 호르몬 보충요법

◆ 여성 호르몬 보충요법
- 완경 전 여성 → 저용량 경구피임약을 사용
- 완경 후 여성 → 호르몬 보충요법(HRT)
  ↓
  저용량 경구피임약보다 여성 호르몬 양이 적은 것을
  사용해 에스트로겐과 프로게스테론을 병용하는 방법
  이 일반적이다

[장점]
- 갱년기 장애가 가벼워진다
- 뼈가 약해지는 것을 예방하거나 성교통을
  줄일 수 있다
- 생활 습관병의 예방이 된다
- 자궁체암의 위험을 낮춘다

[단점]
- 가벼운 메스꺼움이나 출혈 등 부작용이 있다
- 5년 이상 지속하면 유방암에 걸릴 위험이 올라간다

담당의와
상의해서
사용하는 것이
중요하겠네!

주요 참고도서

河野美香,「女の一生の性の教科書」講談社, 2012.

照井直人,「はじめの一歩のイラスト生理学 改訂第2版」羊土社, 2012.

桐山秀樹,「ホルモンを制すれば男が蘇る」講談社, 2011.

「人体新書」ニュートンプレス, 2011.

三澤章吾,「すべてわかる人体解剖図」日本文芸社, 2011.

野口哲典,「マンガでわかる神経伝達物質の働き」ソフトバンク クリエイティブ, 2011.

「女性ホルモンの真実」集英社, 2011.

野上晴雄,「カラー図解内臓のしくみ・はたらき事典」西東社, 2011.

久保鈴子,「カラー図解薬理学の基本がわかる事典」西東社, 2011.

麻生一枝,「科学でわかる男と女になるしくみ」ソフトバンク クリエイティブ, 2011.

麻生一枝,「科学でわかる男と女の心と脳」ソフトバンククリエイティブ, 2010.

坂井建雄,「ぜんぶわかる人体解剖図」成美堂出版, 2010.

田村秀子,「男が知りたい女の気持ち」講談社, 2010.

ジョン・R・リー,「医者も知らないホルモン・バランス」中央アート出版社, 2010.

堀江重郎,「ホルモン力が人生を変える」小学館, 2009.

日経ヘルス プルミエ,「女性ホルモンを味方にする本」日経BP社, 2009.

野口哲典,「みんなが知りたい男と女のカラダの秘密」ソフトバンク クリエイティブ, 2008.

「からだと病気」ニュートンプレス, 2007.

出雲博子,「ホルモンの病気がわかる本」法研, 2007.

「人体を支配するしくみ」ニュートンプレス, 2006.

山内兄人,「ホルモンの人間科学」コロナ社, 2006.

山内兄人・新井康允,「性を司る脳とホルモン」コロナ社, 2001.

高田明和,「からだのしくみと病気がわかる事典」日本文芸社, 2005.

清野裕,「ホルモンの事典」朝倉書店, 2004.

対馬ルリ子・吉川千明,「女性ホルモン塾」小学館, 2003.

鬼頭昭三,「脳を活性化する性ホルモン」講談社, 2003.

日本比較内分泌学会,「生命をあやつるホルモン」講談社, 2003.

大石正道,「ホルモンのしくみ」日本実業出版社, 1998.

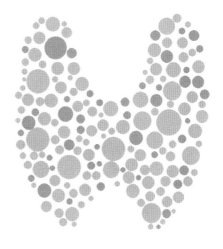

MANGADE WAKARU HORMONE NO HATARAKI

하루 한 권, 호르몬의 작용

초판 인쇄 2023년 09월 27일
초판 발행 2023년 09월 27일

지은이 노구치 데쓰노리
옮긴이 신해인
발행인 채종준

출판총괄 박능원
국제업무 채보라
책임편집 구현희 · 강나래
마케팅 문선영 · 전예리
전자책 정담자리

브랜드 드루
주소 경기도 파주시 회동길 230 (문발동)
투고문의 ksibook13@kstudy.com

발행처 한국학술정보(주)
출판신고 2003년 9월 25일 제 406-2003-000012호
인쇄 북토리

ISBN 979-11-6983-677-7 04400
       979-11-6983-178-9 (세트)